Brief Counsels Concerning Business

在醒着的时间里
做最有
意义的事

【英国】佚名
译者 王祖宁

✉
一个成功商人的忠告

Advice

江苏人民出版社

图书在版编目（CIP）数据

在醒着的时间里　做最有意义的事：一个成功商人的忠告 / (英)佚名著；王祖宁译. -- 南京：江苏人民出版社，2015.9
书名原文：brief counsels concerning business
ISBN 978-7-214-15783-6

Ⅰ. ①在… Ⅱ. ①佚… ②王… Ⅲ. ①成功心理—通俗读物 Ⅳ. ① B848.4-49

中国版本图书馆CIP数据核字（2015）第097338号

书　　　名	在醒着的时间里　做最有意义的事：一个成功商人的忠告
著　　　者	【英】佚名
译　　　者	王祖宁
责 任 编 辑	朱　超
装 帧 设 计	申海峰
出 版 发 行	凤凰出版传媒股份有限公司
	江苏人民出版社
出版社地址	南京市湖南路1号A楼，邮编：210009
出版社网址	http://www.jspph.com
	http://jsrmcbs.tmall.com
经　　　销	凤凰出版传媒股份有限公司
版 式 设 计	艺彩书装
印　　　刷	北京中印联印务有限公司
开　　　本	787毫米×1092毫米 1/32
印　　　张	9.25
字　　　数	177千字
版　　　次	2015年9月第1版　2015年9月第1次印刷
标 准 书 号	ISBN 978-7-214-15783-6
定　　　价	35.00元

序言
PREFACE

对于有志从商的年轻人而言，如何把握自己的商务生涯是一个极为严肃而复杂的话题。作为这个话题的决策顾问，笔者深感责任重大。要为这些年轻人的商务生活谏言进策，绝不能想当然地信口开河、乱说一气。笔者希望，这些建议和原则不但能够引导年轻人有效地管理好自己的生活，从而获得事业上的进步和人生的成功，而且还能够指引他们追寻更高的人生境界，使得自己的人生变得更有价值、质量更高。树立高尚的人生目标，会让人的内心更为纯净。俗话说，近朱者赤，近墨者黑。如果一个人在商业圈乌烟瘴气的消极氛围里长期耳濡目染，那么他的灵魂就会提前衰竭死亡，他的精神就会变得孱弱无力。希望这本书能够在为你树立高远的人生目标、帮助你获得事业成功的同时，也能够启发引领你人生的其他方面，使你的整个人生都沿着一条富于智慧、充满快乐的道路前行，提高你人生的综合质量。

本书中的建议和方法都是作者毕生经验的核心和精华，是长期实践和思考的积累与总结，因此笔者殷切地希望这些建议能够得到采纳和运用。如果你希望通过自身努力获得事业上的成功，用意志力和勤勉的工作赢得人生的辉煌，但是在事业前进的道路中却因为缺乏指引而踌躇彷徨，或者由于缺乏良好的先天条件而裹足不前，那么本书将是您的不二选择。

如何把握好自己的商务生涯，这是个十分严肃的问题。因此，怎样才能在这个问题上给予青年人一些启发和建议，显得责任重大。因为这个问题不仅涉及面广，而且异常复杂，所以笔者每次动笔之前都会深思良久。笔者深知，智慧之语只有适逢其时才能让人醍醐灌顶、明辨是非；反之，若是在不合时宜的情况下说出一些愚蠢的话来，只能误人子弟、害人匪浅。因此，本书中所提的建议和原则都是经过作者深思熟虑与反复权衡的。

在日常工作中，领导者们总会为企业和组织制定某种"标准"以供工作人员参考。毫无疑问，这是一种极为有效的管理手段。虽然人们不可能在工作中做到尽善尽美，但是由于这种"标准"的存在，人们的整个工作就有了最高目标和评判尺度。有了这种"标准"，无论是手艺工人和技术人员，还是科研工作者，在这种目标的驱动下都会少犯许多错误。同样，为了能够保证本书中的方法和原则正确无误，作者也采用了这种方法。也就是说，只要我们能够找出某种正确的"标准"，然后围绕这个"标准"来选择原则和方法，那么我们就不会误入歧途，从而避免犯下重大的错误。反过来说，我们也能够使用这个"标准"来考查和检验上述原则正确与否。实际上，这个所谓的"标准"就是有史以来最富于真理性的《圣经》。在本书的扉页中有这样一句引言："事业的成功来自于勤勉的工作、虔诚的灵魂以及忠于主的生活态度。"这句话就出自于《圣经》。同样，在撰写本书的过程当中，每当笔者出现顾虑和疑惑，因而徘徊不前时，就会诉诸《圣经》寻求答案。

正是有了这样的理论基础和评判标准，你尽可以信任本书中所给出的所有准则和方法。《圣经》是先贤为人类留下的宝贵精神财富，如果你能够尊重《圣经》及其箴言，那么你就会发现，阅读这本书绝不是浪费时间。这本书中的所有行事准则和人生道理都无一例外地源于《圣经》的启示，因为《圣经》中关于人生的标准是至高无上的，所以本书同样会让你受益匪浅。

与成千上万获得事业成功并且实现自己人生理想的人一样，笔者坚信，《圣经》是商务人士最佳的行事标准和处世原则。从这一点上来说，我们甚至可以把《圣经》看做一部包罗万象、无所不能的商业宝典，无论是那些数不胜数的事例，还是笔者的一些亲身经历都能够证明，《圣经》

所蕴涵的普遍真理放之四海而皆准。这一信仰不但能够指引我们创造出美好的明天，而且能帮助我们在这个充满疲惫和令人忧虑的世界中找到一条通向光明的道路。通过多年积极的摸索和积累，通过与国内乃至世界各地商界人士的交流和探讨，通过这些年来的亲眼所见和亲身实践，笔者坚信，《圣经》不但是一种能够为我们指引方向的精神信仰，更是一种能够帮助我们解决实际问题的处世原则。

出版这本书的目的不仅在于为那些初涉商场的创业者提供最简单、最直接的学习材料，为那些刚刚从事商务工作的年轻人指点迷津，勾画指导性的事业蓝图，同时，作者也衷心希望，这本书同样能够为那些资深的商业领袖们带来某种启发和灵感，从而更加关注自己企业的员工，提升他们对企业的责任感。我们认为，如果你已经事业有成，那么你一定不会满足于让自己的下属和员工仅仅为了果腹糊口而工作，你一定已经开始关注怎样才能让他们在工作中发挥最大的主观能动性，从而更加高效地创造财富，实现他们的人生价值。你一定希望自己的员工能够以最高尚的原则为目标，并且获得自身的成功。因此，如果你能够参照这本书中的原则与标准，那么你的员工和下属就能避免犯下大错。如果你能够抱着这样的目的来阅读这本书，那么你一定能够获益良多，并且从中得到许多宝贵的建议和启发。

"如何把握商务生涯"是一个包罗万象而且极其复杂的主题，我们很难对其进行精确的分门别类，因此在下面的章节中，本书并没有采用教条式的框架和系统性的结构来阐述。但是，为了便于读者进行学习和讨论，我们尽可能将其划分成若干章节，以供读者参阅。

这本书不仅让笔者的经验和感悟有了一个可供展示的平台，同时也让那些对青年人的建议和告诫有了一个充满智慧的载体。本书的作者和读者朋友们素昧平生，但是这本书却在我们之间架起了联系的纽带。希望笔者这些管窥蠡测的浅见，能够引领那些年轻的脚步走向辉煌的道路，获取事业上的辉煌，求得内心的安详。总而言之，对于时下的年轻人来说，笔者能够给予的最好建议就是：在认真阅读本书的同时，切莫忘记亲身实践的重要性，并且采用《圣经》中的最高标准来检验这些原则正确与否。与此同时，你们不妨举一反三、推而广之，不仅要将这些原则运用于自己的事业当中，而且要进一步将其运用到生活的方方面面。如果你能够始终以这些最高标准为目标，并且以此来约束自己的为人处世，那么你就一定能够拥有美满幸福的一生，这才是人生最大的成功。

目录
CONTENTS

第01章　制定明确的人生目标／1

第02章　培养良好的记忆力／6

第03章　工作要有系统和条理／18

第04章　做人要一诺千金／24

第05章　为人要克勤克俭／29

第06章　永远要储备一定的资金／36

第07章　学会把握商机／43

第08章　生财有道／48

第09章　千万不要虚掷光阴／52

第10章　脚踏实地的工作态度／58

第11章　合理利用工作时间／61

第12章　一次只做一件事／65

第13章　不要拒绝失败／68

第14章　卧薪尝胆／72

第15章　调节节奏，远离疲劳／76

- 第16章　工作之中总有烦恼／80
- **第17章　寻求帮助不是耻辱／85**
- 第18章　帮助他人不只是行善／89
- **第19章　敏锐善察／97**
- 第20章　如果不能改造环境,就去适应它／101
- **第21章　专心致志／104**
- 第22章　谨言慎行／107
- **第23章　心理要平衡／112**
- 第24章　道德沦丧是人生坏账／116
- **第25章　不要歪曲真相／121**
- 第26章　时常保持好奇心／125
- **第27章　勇者无敌／128**
- 第28章　克制自己的坏脾气／136
- **第29章　期望越高,失望越大／141**
- 第30章　直面困境,永不退缩／146
- **第31章　乐对挫折,不用哭／149**
- 第32章　有批评,那是因为你值得批评／154
- **第33章　慎独修身／159**
- 第34章　认识到友情的价值／164
- **第35章　尊重前辈／169**
- 第36章　善待下属／173

第37章　做人要有仁慈之心 / 176
第38章　保守秘密，独享寂寞 / 180
第39章　信守承诺 / 185
第40章　和气才能生财 / 190
第41章　妥协并不等于失败 / 199
第42章　不要以小人之心度量他人 / 205
第43章　礼多人不怪 / 209
第44章　牢骚抱怨的人难成大器 / 213
第45章　慎选合作伙伴 / 217
第46章　施总要比受更有福 / 226
第47章　借债是不幸的开始 / 231
第48章　批评是一门艺术 / 236
第49章　学会处理分歧 / 243
第50章　写信草率的人会令人瞧不起 / 247
第51章　电话交流的技巧 / 254
第52章　能够为他人服务就是最好的服务 / 262
第53章　控制好突发事件 / 266
第54章　谁是危险人物 / 271
第55章　防人之心不可无 / 278

第 01 章
制定明确的人生目标

> 如果一个人对任何事情都三心二意、朝秦暮楚，那么，他就只能浪费掉自己本已十分宝贵的时间，并导致最后一事无成。就成功而言，除了坚定不移地朝着设定的目标努力奋斗外，再也没有其他的办法能令你轻松实现它。

在漫长荏苒而又波澜起伏的商业生涯中，我所见过的那些商界成功人士，无不是在创业初期就确立了明确具体的"人生目标"。换句话说，只有那些下定决心朝着某个目标努力奋进，并且为了自己的理想孜孜不倦、锲而不舍的人，最终才能获得成功。

然而，并不是所有的成功人士都具备深思熟虑与敏锐善察的品质，也并不是所有有为之士都能够静下心来去分析自己的生活准则。因此，当我们问及其中的一些人，除了其他更高层次的事项之外，什么才是能够保证商业上取得成功最为重要的因素？他们往往不会立刻想到确立目标的重要性。但是，如果进一步具体询问他们对制定目标的看法，他们一定会异口同声地表示：确立目标对商业活动中的任何工作都有着举足轻重的实际作用。对于这一点，许多有识之士都表达过同样的看法，正如我所熟悉的一位朋友曾经说的那样：

"如果不是在年轻的时候就下定决心要有所作为，并且坚持不懈地为之努力奋斗，我根本不可能取得今天的成就。试想，如果我对什么事情总是三心二意、朝秦暮楚，那么我不仅会浪费自己宝贵的时间，而且到头来还会发现自己学到的只是一些毫无用处的东西。我根本没有时间可以浪费，因此我必须将所有的时间投入到那些已经'下定决心'要去做的事情上。一点儿也没错！除了坚定不移地朝着自己的目标努力奋斗以外，没有别的办法能够让你获得成功。如果我总是为了各种各样的事情而朝三暮四，那么我就会像那些游手好闲的懒人一样，最终变得穷困潦倒、一事无成。的确，你们说的一点儿也没错！如果没有在创业之初就规划好自己的职业生涯，我就不可能不畏艰险、矢志不渝，更不可能取得任何成就。"

可以说，上述观点即使不是所有成功人士的想法，至少也是大多数商场精英的共识。对于年轻人来说，必须尽早下定决心，确立自己的人生目标，并且选定自己的事业方向。当他们学会明辨是非之后，越早确定目标，就越早受益。因此，年轻人在作出重大的人生抉择之前，不妨略微花上一些时间好好思索一下，这看似延误了人生的进程，实际上却会让他们获益匪浅。反之，有些人总是仓促作出某种决定，但是却处处浅尝辄止，这种做法无异于亲手扼杀了成功的希望。对于这些人来说，要想有所作为，他们就必须从漫无目的的日子中翻然醒悟，并且彻底摆脱这种生活方式。

一旦确立了自己的人生目标，我们就应当朝着这一理想勇往直前、奋斗不息。也许这一目标我们穷尽毕生精力也难以实现，也许它只是一个微不足道的短期目标而已，然而较之于那些漫无目的、毫无计划的所谓"最佳员工"来说，它却会让我们收获更多。一个人的工作能力应当关注那些更为高尚、更加笃定的事情。在朝着自己的人生理想迈进时，我们应当时刻提醒自己明确工作目标，以免偏离航线。对于那些明智的年轻人来说，既不应当盲目乐观、好高骛远，也不应当指望好运而侥幸成功。反之，他们应当确立远大的志向，即使自己最终没有达到预期的目标，他们也会时时刻刻受到希望的鼓舞，在自己事业起步的艰难阶段踌躇满志，奋力前行。如果能够听到胜利的钟声在前方召唤，哪怕这种钟声只是在自己的想象中依稀可辨，也会让他们备感欢欣鼓舞。

如果我们能够做到实事求是、脚踏实地，我们就不会盲目乐观、好高骛远。一个人要想有所作为，就不可避免地会遭遇这样那样的挫折，然而正如古代先哲所言，如果你在失意的时候仍然能仰望星空、心怀梦想，那么这种暂时的不幸就不会影响你的成功。诚然，抬头仰望要比低头匍匐好得多，当我们仰望星空时，至少能够远离尘埃与泥泞，呼吸到更为清新的空气。然而，这一切都必须源自合理的人生目标，因为无论多么远大的抱负，都必须做到切合实际、审慎明智、客观公正。正因为如此，很多人才将遭遇困厄视为前进途中最有价值的人生经历。因此，在面对困境时，我们应当敞开心扉，勇敢地接受它的洗礼。

要想在商业活动中取得成功，除了不懈努力以外，还有一种人们称之为"机遇"的东西。

"机会都是可遇而不可求的，只有上帝才能赐予我们。"

对于年轻人来说，所谓机遇乃是一种人力难以控制的外部因素。无论是吉星高照还是命途多舛，我们都只能默默接受。然而，除了怨天尤人以外，我们还能够利用自己的智慧去化解不幸，从而获得胜利女神的垂青。如何善用机遇并且从中获益，只能通过亲身实践才能领悟。尽管这些经历有时候会十分痛苦，但是对于年轻人来说，只要他们能够从中吸取教训，那么这些磨难就会让他们受益良多。实际上，一个人所经历的痛苦越深刻，他所获得的教益也就越宝贵。

第02章 培养良好的记忆力

一个人不会比别人缺乏更多的能力,但他可能比别人缺乏更多的努力。在人生和事业的旅途中,更多的努力总是更多的能力的基本前提。所以,但凡觉得己不如人的人,都需要扪心自问:我真的刻意地去努力了吗?

正如我在前面所提到的那样，有些年轻人会认为，对于一个商人来说至关重要的一些习惯是无法在后天养成的，但是没有什么比这种观念更能桎梏年轻人的发展了。一个在日常生活中丢三落四、顾此失彼的年轻人可能会说这是因为自己的记性太差了，并且理直气壮地将此作为一个无可辩驳的理由为自己开脱。但事实上，诸如记忆力强、有条不紊这些能力，完全可以通过系统的训练加以培养，因此，凡事都为自己的错误寻找借口只会不断阻碍自己的进步，从而适得其反。

在我所知道的"记性不好"的人当中，几乎所有的人都曾因为自己的记忆力不如他人而感到遗憾万分。他们总是认为，自己丢三落四的习惯是先天差异造成的，所以后天无法补救，并为此而感到痛苦消沉、怨天尤人。在日常生活中，只要是稍微有些观察力、偶尔会总结反思的人，即使是那些初涉商场缺乏人生阅历的年轻人也一定会承认，迄今为止有好几次重大的意外事件，都是由于自己的遗忘造成的。他们或者是忘记某个至关重要的约会，或者是没有履行某个言之凿凿的承诺，总之，由于一时疏忽大意，他们忘了去做自己本该要做的事情，最终造成了难以弥补的损失。这些失误或者是让他们失去很多机会，或者是给他们的生活带来了极大的不便。许多犯过这些错误的人,都曾经为这些由于遗忘而造成的恶果感到痛心疾首、后悔不迭。然而,正如讽刺作家彼得·品达所说的那样,"最终除了遗忘,他们什么都不记得了"。大部分人都将这些意外归咎于自己"记性太差",但是在失落和悔恨过后,他们并没有去认真反思这些失误背后更深层的原因,有些人甚至认为根本没有必要进行反思。在这些人看来,与其花费工夫去完成某件事情,还不如干脆忘掉来得好,因为这么做的好处就是,一旦大家都认为他们是一些"不长记性"的人,人们就会很难信任他们,更不会对他们委以重任,这对他们来说既轻松又惬意,何乐而不为呢?这些人不仅满足于自己不思进取、庸庸碌碌的工作状态,依靠侥幸和投机过日子,而且做一天和尚撞一天钟,总是左支右绌、错误百出。每当他们犯错的时候,就需要有人前来补救,将他们从最糟糕的状况中解脱出来,替他们弥补过失。尽管每次他们都能够化险为夷,但是却苦了他们身边的人。久而久之,这些言而无信、丢三落四的人就会想当然地得出这样一个结论:我根本没有必要让自己长记性,反正一个人的记忆力是没有办法改进的。因此,每当有人劝他们制订一个清晰明了的工作计划时,他们就会理直气壮地加以反驳说,有些人天生记性好,而我天生就记不住事情。最后,这种借口就连那些劝诫他们的人也感到无话可说。日复一日,这个极端错误的观念就会在那些所谓"记性不好"的人的脑海中变得根深蒂固,不仅那些曾经劝告过他们的人会对此缄口不言,而且他们的身边也会被那些持有相同观念的人所包围。他们相互作用、彼此影响，对于"记忆力无法提高，我们只能听天由命"的观点越来越笃信不疑。而且每当工作出了什么差错时，他们就会以此为借口自我安慰。

也许有人会说，有些人的记忆力天生就比其他人好，他们一目十行、过目成诵，我怎么可能赶超的了呢？的确，不得不承认，人与人之间确实存在着个体差异。但是，我们也不能因此而忽略另一个事实：如果其他心智能力都可以通过正确有效的培养在后天养成，从而使得一个人的整体智力水平得以全面提升，那么记忆力自然也不例外。从这一点出发，我们又怎么能将记忆力排除在外，认为它与生俱来，无法改变呢？假如不是因为我们每个人都拥有着强大的记忆力，假如不是因为我们的记忆力可以不断改善与提高，那么我们又怎么能通过学习获取任何一个领域的知识呢？众所周知，就连"填鸭式"的教育模式都能让我们从中受益。由此可见，我们的记忆力每时每刻都在不断发展。正是因为有了记忆力，我们才能够让知识在自己的脑海中长久地储存，否则我们就永远不可能说自己真正"掌握"了某种知识。假如我们能够利用记忆力去掌握各种各样的学术知识，当我们把记忆用于普通的商务生活中时，我们又怎么能想当然地认为自己的失误是出于记性不好呢？这个问题看似复杂，其实可以一言以蔽之：对于正常人来说，没有哪个人的记忆力天生不好。反之，只有那些经常放纵自己记忆力出错的人才会被记忆力所戏弄，成为"记性不好"的牺牲品。事实上，那些认为"忘记某事或者记不清楚在所难免"的人最容易犯错误。因此，只要我们下决心，不断告诫自己不让记忆力随便出错，我们就可以避免丢三落四的坏毛病，从而确保自己能够取得成功。

然而，尽管我们能够改善自己的记忆力，但这并不意味着就可以不劳而获。诚然，一个人的记忆力可以得到改善，但是必须付出努力加以练习，这才是问题的关键所在。几乎所有的训练都会或多或少地使人痛苦，也会在不同程度上让人感到厌倦。因此，要想树立一个良好的习惯，不仅要同自己的厌倦心理作斗争，让自己忍受束缚之苦，还要不断抵制原有的坏习惯，从细节做起，建立起一系列行为准则，并且坚持将其付诸实践，从而避免自己积习难改。这些都需要我们坚持不懈、持之以恒。离开了艰苦努力，即使是再行之有效的计划，哪怕设计得再完美，考虑得再周详，最终也会丧失作用，让我们在成功之前就半途而废。因此，我希望你能够系统地采用某种方法来培养自己的良好习惯，循序渐进、由浅入深。在这个方法中的每一个练习环节都应该做到承上启下，不仅能够进一步巩固此前的练习，同时还可以为此后的练习作铺垫。如果你能够进行这样的系统练习，那么日复一日，你克服坏习惯的信心和意志力就会逐渐增强，眼前的困难也会逐一瓦解。成千上万的事例可以证明，在一个人下定决心要改变自己坏习惯的初始时期，他战胜困难、抵制诱惑的意志力也最为薄弱，但是随着个体的不懈努力与练习的不断深入，这种意志力就会不断得以增强。铁匠打铁就是这个道理：一个刚刚开始打铁的铁匠会在第一次抡锤时感到重似泰山，所以很难举起铁锤，但是久而久之，随着每天反复操练，铁匠的胳膊就会变得像钢铁一样坚硬，当他再次锻铁的时候，铁锤就会变得轻若鸿毛，仿佛不费吹灰之力就能够举起。

因此，要想纠正自己丢三落四的坏毛病，有很多行之有效的方法。只要我们坚持运用这些方法，原本粗枝大叶的"健忘症"就能变成井井有条的"好记性"。就拿我自己来说，对那些所谓的"培养记忆"的方法我向来都不屑一顾，因为它们不过是一些缺乏科学根据的骗人把戏。比如说，有人曾经宣称，如果想要记住一件重要的事情，你可以在手帕上打个结，从而提醒自己记住这件事情。对于这种方法除了付诸一笑，我们不会再有其他奢望。无数的事例都能够证明，这种方法实际上只是"扬汤止沸"，因为想要记住某件事情，你就得时刻记住那个绳结的存在。然而实际上，对于那些健忘的人来说，就连绳结他们都会忘得一干二净。曾经有人对这个方法深信不疑，可是当我看着他们坐在火炉旁边，昏昏欲睡地解开手帕上的绳结时，我总是不由得莞尔一笑。当他们解开绳结的时候，恐怕早已完全想不起来自己是什么时候系了这个结，更不用说能够想起自己为什么要系这个结了。

对于健忘这一顽疾，还有人建议说："把要记的事情写进备忘录就不会忘记了。"

"是啊！真的呢！"那些健忘症患者一边赞叹，一边说道。"不过，谁来提醒我去看备忘录呢？或者，就算我记得去查看备忘录，又有谁会在某一个特定的时间之前提醒我去查看呢？如果等到这件事情过后我才想起来要看备忘录，那就一点意义都没有了。"

把事情写进备忘录，以此来治愈健忘的顽疾，这似乎是一种广为流传的方法。可是从以上对话可见，这种做法同样显得十分可笑。实际上，只有依靠理智和自律对自己进行有效的克制，我们才能够真正战胜习惯性的健忘行为。我曾经有这样一位朋友，在他的整个商业生涯中，都表现出了惊人的记忆力。对于约会的时间，他可以精确到分钟，而且从不迟到。他不仅能够流利地说出自己曾经参与的所有商业活动，也能够熟练地列举出眼下正在进行的商业项目，还可以有条不紊地规划未来的商业计划。对于日常工作的细节，他更是过目不忘、信手拈来，这让周围的同事朋友感到十分羡慕。但他却告诉我，当自己还是个实习生时，他的记忆力曾经糟糕到了极点。有一次，他的父亲在餐桌上告诉他要去做某件事情，但是等他走出家门口时，他就已经忘记了自己要去做什么。在实习开始几周以后，他对自己的健忘感到痛苦不堪，作为一个善于思考和反思的年轻人，他清醒地意识到，假如自己继续这样丢三落四，不仅难以实现自己的雄心壮志，只怕就连养家糊口都很难做到。这位朋友的妈妈在他的眼中是"世界上最好的妈妈之一"，对儿子的处境感同身受。在他最绝望的时候，他的妈妈给予了他无私的帮助。因此他暗下决心,一定要彻底改掉健忘的毛病。久而久之,不但再也没有人说他丢三落四,而且人人都对他的好记性赞不绝口。除了其他行之有效的方法以外,最让他有所感受的一个办法就是,对于那些应该做到而又容易遗忘的事情,每当他想起来的时候,无论这件事会给他带来多少麻烦,无论他的内心有多么不情愿,他都会强制自己立即完成。即使在他想起这件事情时日程表已经安排就绪,实在无法抽出时间去完成这件事情,他也会在自己完成那些事项后的第一时间,立即着手去做那件曾经被自己搁置的事情。

无论是在他坐下来稍事休息,还是阅读余兴未尽时,只要突然想起自己有件事情忘记去做,他都会强迫自己立即起身,尽快完成这件事情。在刚开始的时候,对自己进行强制性命令是必不可少的步骤。有些人可能会认为,即便是为了培养自己的自制能力,也没必要这样大费周章。但是我的这位朋友却发现,正是由于自己每次都不吝付出时间和精力去弥补那些没有记住的事情,这种得不偿失的行为反而让他的记忆力受到了良好的刺激,从而变得异常活跃。这些看似浪费时间的行为很快就让他明白,必须在原定的时间做计划好的事情,否则就可能要花双倍的时间进行补救。他告诉我,不管怎样,这种强制性的练习很快就让他记住了一个教训:只有用脑子记住该做的事情,才能让自己免受奔波之苦。通过这样的练习,并且不断加以检讨和反思,久而久之,就好像形成了某种条件反射一样,他不得不控制自己的记忆力去完成脑子里记下的事情。每当需要记住某件事情时,他的身体就仿佛在对自己说:"看吧,老伙计,你一定知道必须在规定的时间做好该做的事情,否则就得费尽心思去弥补,这简直是在给我找麻烦。你想想,每次我舒舒服服休息的时候,你却突然想起来有件事还没有做,我就得很不情愿地爬起来去工作。不管我喜不喜欢,我都得为了你的健忘付出艰辛的代价,所以我总是累得够呛。实话告诉你,我可一点都不喜欢这样。难道你就不能好好地把该做的事情都记住吗?你必须要记住。否则我就会罢工,下次你再忘了做什么事情,不管你怎么催促,我都不动了!"

虽然这项练习实施起来不免艰辛,但却不失为一个行之有效的方法。我的这位朋友最终成功地克服了健忘的毛病。不出几个月,他就惊喜地发现,自己的记忆力得到了极大的提升。他就是坚持采用这个方法,同时辅以其他手段,比如我们此前提到过的一些方法,最终使得自己的记忆力超过了原先的预想,同时还给自己的商业伙伴留下了深刻的印象。从此以后,虽然他每天仍然十分繁忙,小到当地的商业活动,大到整个英国乃至欧洲大陆的重大事务,近到每天的日常约会,远到几周以后的展览,他都能够将这些事项牢记于心。这些烦琐庞杂的事情,对于一个习惯记备忘录的人来说都显得难以招架,可是他甚至连备忘录都不需要。然而,即使是这样,他不仅没有忘记过一次约会,而且也从不会迟到。此外,他还将这种好记性带到了自己的整个商业事务中去。举个例子来说，由于他经常出差，所以经常需要携带许多文件，为了能够在短时间内整理好行装，他在办公室里专门安排了一个抽屉，用于放置所有文件及复印件。在自己的家中，他也准备了一个旅行包，装满所有旅行所需的物品。每当他想起旅行中还需要携带某些其他物品或文件时，无论他多么不情愿为了某件小事打断自己的休息，他都会立即起身找到这样东西，然后和其他旅行物品一起放进抽屉或者旅行包里。一开始的时候，这种行为的确让他非常不快，但是，这种自制锻炼却让他产生了强大的记忆力，从此以后他就养成了有条不紊的习惯，让他不仅能够立即整理所有的旅行必需品，同时也养成了尽快尽早安排好工作日程的良好习惯。对于年轻人来说，要想做到在自己最不愿意行动的时候立即行动，这似乎是一件很困难的事情，但是，正如我的朋友亲身经历的那样，在他养成良好的习惯之后，迄今为止，除了在一次商务旅行时忘了带一样东西，他再也没有出现过丢三落四的情况。我相信，对于那些下定决心要改正自己健忘习惯的读者朋友来说，这个事例一定是一剂令人振奋的强心针。

毋庸置疑，通过井井有条地安排工作中的各种事件和物品，这位朋友的头脑也变得条理清晰，自己的记忆力也得到了有效的提升。他一直保持着这种分门别类整理物品的习惯，把所有东西都放在各自固定的位置。对于那些会经常用到的物品，他会把它们归纳起来，放在一个固定的地方，这样的话，每当需要这些物品的时候，完全不用翻箱倒柜地去寻找，既节约了时间，又节省了精力。

我们还可以列举出许多诸如此类的例子，虽然没有这件事例典型，但是同样能够达到令人满意的效果。由于篇幅有限，这里不再一一详谈。总而言之，上文所述的方法是值得采纳的。对于那些下决心培养良好记忆力的年轻人来说，首先要找到一套既适合自己又行之有效的方法来控制自己的意志力。其次，在锻炼的过程中，绝不允许有任何一次的偶尔放纵或者下不为例，而应当老老实实地恪守自己制定的纪律。只有做到持之以恒，才能切实有效地将上述方法付诸实践；也只有一以贯之，才能爆发出强大的自制力，帮助你克服困难，战胜懒惰和倦怠，最终战胜自我。除此以外，没有任何更好的办法。离开了自我控制和严于律己，即使是最好的灵丹妙药，也终将毫无用武之地。古语说，狭路相逢勇者胜，只有像滑铁卢战役中威灵顿将军一样，冲锋陷阵、破釜沉舟，在面对劲敌时英勇顽强，面对困难和诱惑时殊死抵抗，才能够攻无不克、战无不胜。在克服健忘、培养良好记忆力的过程中，如果你已经做到了以上各条，那么恭喜，这就意味着在这场对抗健忘和邋遢的战役中，你已经胜券在握了。如果你仍旧怀疑为了培养记忆力是否值得付出这么多，那么有一点毋庸置疑——良好的记忆力会带给你无限的机遇和极大的便利。因此在这个过程中，努力和艰辛是必不可少的。在这场意志力的鏖战当中，你不得不付出必要的时间和精力，甚至要牺牲自己的休息和娱乐，但是在你取得这场战争的胜利之后，你就像是从战场上凯旋的士兵，所有的创伤都会变成一种充满荣耀、令人敬畏的纪念，是你曾经艰苦奋斗和自我牺牲的证明，而惨不忍睹的创伤最终将被胜利的桂冠所取代。当战火的硝烟散尽、凯旋的号角响起时，你将会为自己的胜利感到欢欣鼓舞，而此时此刻，你曾经付出的一切都是值得的。

第 03 章

工作要有系统和条理

我们的工作之所以具有价值,是因为它需要我们付出相应的时间和精力。因此,如果能够节约自己的时间,就等于是在创造价值。细观周围的成功人士,他们无一例外地能比别人创造出更多的价值——因为他们无一例外地具有较强的系统性和条理性。

如果有人问我，事业成功的第一要素是什么？我会毫不犹豫地回答，条理和系统。如果他继续追问，第二要素呢？我仍然会说，条理和系统。那么第三要素呢？毫无疑问，还是条理和系统。这样回答并非笔者有意夸大其词，而是旨在强调条理和系统在个人工作中所占据的绝对地位。从本质上来看，条理性和系统性密不可分，因为有了条理，才能够做到系统，而要想系统地处理工作，就必须首先理清顺序。为了达到最佳工作效果，我们必须在任何情况下都做到条分缕析，区分工作的轻重缓急，并且系统性地逐一解决每项问题。英国有句古语说："万物皆有定所。"在生活节奏如此迅速的今天，很多人对这句话不屑一顾。然而，这句古语却充分体现了商务生活中一个至关重要的原则。古诗亦有云"苍穹之下，万物有序"，这也是对这一原则的最佳诠释。可见这一观念贯通中西，由来已久。

无论是近在我们身边，还是远在异国他乡，有不计其数的事例都可以证明，经营管理首要的因素就是条理和系统。只有企业中的每个部门都做到秩序井然，整个企业才能实现有效的经营和运作。建立起一时的秩序并不难，难的是长期保持和维系。这也难怪，对于一个企业来说，其成功绝非一日之功，需要所有员工年复一年坚持不懈的艰辛努力。同样道理，假如日常工作中的条理和系统都有始无终、朝令夕改，那么企业就难以按照正确的轨迹实现持续进步和长久发展。即便如此，仍然有许多自以为是的年轻朋友对我说，按部就班、谨小慎微完全就是一副优柔寡断的女子作派。在这些年轻人看来，他们自身的智慧和天赋已经足够为他们找出最佳的奋斗途径了，无须在其他方面下苦工夫。至于条理性这个问题，他们也执意认为，自己有比摆放物品和安排工作更加重要的事情，这种"只有家庭主妇才会考虑的活计"纯粹就是浪费时间。就是在这一思想的驱使下，这些年轻人在工作时常常虎头蛇尾、有始无终。原因何在？就在于他们完全忽略条理性原则，想起什么就去做什么，没有任何计划或安排，于是便不停地从一项任务跳到另一项任务，最后一件事情也完不成。他们的桌子上到处堆满了各种各样的文件，仿佛只有这样浩大的声势才能彰显出他们的才干。在他们眼里，只有那些安分守己、呆头呆脑的家伙才会一件一件地去完成自己的工作。

那些内心轻飘、情绪浮躁的"天才"往往对工作中的系统性和条理性嗤之以鼻。在他们看来，这都是一些婆婆妈妈的习惯。他们总是认为，就算自己按照条理和系统原则做事，将工作安排得有条不紊，也不一定能从中获得任何实际的经济利益。他们秉承这样一个"真理"：没有什么比赚钱更为重要。因此，只要是他们一眼看不到金钱收益的付出和努力，他们都概不理会。然而，无数的事例都向我们展示了这样一个显而易见的事实:"有条不紊"和"生意兴隆"之间存在着不可分割的必然联系。每当我向他们提及这一点,他们都会陷入沉思,变得无言以对。我的另一些朋友时常告诉我,他们之所以每年能节省下大量的时间,正是因为他们养成了有条不紊处理工作的良好习惯,而这些节省下来的时间,就是一笔难以估量的财富。商场如战场,效率就是一切,虽然人们随口就能说出"时间就是金钱"的箴言,但是仍旧有大部分人工作缺乏条理和系统,他们总是需要花费更长的时间,付出更大的代价,才能真正体会到这一人所共知的道理。他们认为按部就班毫无必要,但是却忽视了有条不紊地工作将为自己节省大量时间,而这些时间可以用于经营和管理,这两者都能为商人带来利益。读者朋友们,从这本书中你一定能够发现,条理和系统的重要性毋庸置疑。可是当我们真正面对工作时,这个简单的道理又总是被我们抛之脑后。在实际工作当中,很多人会变得举止盲目、行动慌乱,很快便把"时间就是金钱"的真理抛却九霄云外。至此,你不妨时刻告诫自己:我们的工作之所以具有价值,是因为它需要我们付出相应的时间和精力。因此,如果能够节约自己的时间,就等于是在创造价值。

如果说条理清晰能够帮助个人提高工作效率,那么这一习惯同样也会成为企业成功的有力保障。企业是一个有机的整体,一个部门也是一个团体,无论其规模是大是小,团体的壮大都离不开任何一个员工的努力,企业的成功也是所有人共同努力的结果。所以，如果每个员工都能够在工作中做到有条不紊，那么企业的整体工作效率就会大大提高，所获得的利润也必然会成倍翻番。从企业工作的效率中，我们能够最深刻地体会到"时间就是金钱"这个道理。不难想象，一个井然有序经营的企业和一个混乱无序管理的组织，前者必然更具有竞争力。读到此处，细心的读者一定已经注意到，上文我们同时提到了系统和条理，也不断在使用"系统性"和"条理性"这两组词语，仿佛它们是两个完全不同的概念一样。诚然，这两个概念的确有所区别，因为它们既不是同义词，也不是近义词，而是各有其意。"系统"着重于整体计划，而"条理"则重在具体细节；前者强调的是如何完成一个综合的工作过程，制订一个整体的工作规划，后者则关注这一综合过程中每个步骤的时间、地点以及其他细节问题。笔者身边曾经有过这样一个例子：一家大公司为其员工的日常工作制定了一个高效而科学的工作流程，但是由于总裁管理不善，这些工作流程只限于纸上谈兵，员工们在日常工作中并未遵守。后来，这家企业聘请了另一位经验丰富的管理者，他对于工作条理重要性的认识则完全不同，不仅积极督促员工按照流程行事，严格要求员工在工作时必须条理清晰，还详细设置了每一项工作的完成期限，让所有事情都一目了然，具体明确。时隔不久，这家公司的营业额就迅速攀升。我们不妨再来看一下系统和条理之间的关系。如果想要自己的工作有条不紊，那么你就必须制订一个系统的规划，但是作出了系统性的整体规划，并不意味着你的工作就能有序展开。实际上，我曾经遇到不少制订了系统计划、却缺乏条理的人，这些人对我的工作造成极大的困扰，很多时候我甚至不得不打乱他们所谓的"系统"规划。

第04章 做人要一诺千金

一个守信用的人,在人前人后一定会得到很多人的尊重、称赞、亲近和信任,顺境时会有人交,逆境中会有人扶。相反,一个不守信用的人只会在社会上慢慢变得孤立无援。要赢在商界,首先就应努力做到守时、守信,这是成功之箴言,也是为商之根本。

对待"商业约定",我们应当像对待书面法律条文一样去严格遵守。如果一个人能够做到言出必行,像履行自己签订的合同那样去履行自己的商业约定,那么他一定是个地地道道的谦谦君子。一份契约就是一个承诺,谁不希望别人心目中的自己是个恪守诺言、值得信任的人呢?然而也有这样一些人,他们作出承诺仅仅是因为一时头脑发热,只不过随口说说而已。因此,他们并没有意识到承诺的重要性,他们的承诺也同样毫无意义,就像写在沙滩上的名字一样,一旦遭遇潮汐或风雨的侵袭,它们就会被彻底冲刷干净,永远消失殆尽。

一个人是否能够信守约定,与他的道德品质息息相关。如果我们违背自己的约定,它就会给我们带来良心上的负罪感,让我们承受严重的后果,还要为此付出惨痛的代价。如果一个和蔼可亲的人违背了约定,我们一定会感到十分失望。在他们的影响之下,可能会有更多的人变得出尔反尔、言而无信。我曾经见过一个平静和睦的家庭,因为家人之间打破了日常约定而变得混乱不堪。同样,对于做生意来说,一旦违反那些基于彼此的信任而建立起来的约定,就会无可避免地酿成严重的灾难。对于那些不太了解的人,人们一般会有所防备,而真正令人防不胜防的,往往是那些与我们朝夕相处的人。毫无疑问，将信任交付一个与自己素昧平生的人，相信他会信守他所许下的诺言，这不仅需要冒着极大的风险，而且这种行为实则也极不明智。对于一个从未想过要违反自己诺言的人来说，他总是会从自己的角度出发，以自己的品质来衡量别人，认为别人也和自己一样诚实正直，并且值得信任。然而，对于那些出于私人目的同别人订立合约的人，他们所做的一切只会以一己私利为标准，所以只要不违背他们自己的利益，无论做什么他们也不会觉得有失良心，因此，他们很容易就会为了一己私利而肆意违反约定。而此时，一旦有人说他们不守诚信、言而无信，他们不仅会对这种评价表现出意外和吃惊，甚至会认为自己受到他人的诽谤，显出一副恬不知耻的无辜嘴脸，还假惺惺地表露出自己的气愤。然而实际上，人们对这种人的评价却不失公允。

　　商场上有句老生常谈的名言："时间就是金钱"。如果一个人拿走了他人的钱财就是偷窃，那么一个人占用了他人的时间同样也罪不可逭。我们有什么权利去侵占别人的这个宝贵资源呢？只要我愿意，我可以随意挥霍自己的时间，完全有权利去做任何想做的事情，但是我们没有丝毫的权利去占用他人的时间，挥霍他人的宝贵财富。一般来说，一个从不愿意与他人达成任一约定的人，极可能是一个自私自利的人，因为他从来不去考虑自己做的事是否会给他人带来不便，他的眼里只有一个"自己"，他所有的想法和愿望也只围绕着一个中心，即他的"自我"。这类人我曾经结识过不少，我也曾经尝试着以一种宽厚的心态去信任他们，相信他们之所以违反约定是由于一时粗心大意，而不是出于一己私利。但是，日久天长，当我回想起自己与他们相处的前后始末，我不得不说，虽然从表面上看来，他们是因为一时疏忽而违约，但是实际上，他们真正的出发点的确是在于个人私利。从这件事情中，我们不难得出这样的结论：浪费别人的时间是一种彻头彻尾自私自利的行为，因为他们从不关心他人的利益，也不在乎自己的行为是否对他人造成了不便。

在所有的商业约定中，时间是一个至关重要的因素。因此，做到守时同样重要。可以说，所有的成功人士都非常守时，无论他的约定是在一个月以后、半年以后甚至是几年以后，他们都会像履行明天的约定一样准时无误。我就认识一个这样的人，人们在谈起他时会说："要是某某人还健在的话总是言出必行，无论是天寒地冻还是大雪封路，即使是几个月前的约定，他也一定会在约定的几分钟前提前到达约会地点。"在我看来，一个绝不会耽误他人五分钟的人，同样也不会违反自己的诺言，更不会因为自己的个人利益而有意违约。事实上，也只有这样的人，才能最终获得事业上的成功，而这最主要的原因就在于他懂得这样一个道理：浪费他人的时间就是谋财害命。既然他们懂得尊重和珍惜他人的时间，那么就会更加珍重自己的时间，并且因此而严于律己，为了获取更大的进步而不断努力。一个事业有成的商界人士往往更乐意与那些素质优秀的商业伙伴为伍,因此不难想象,假如一个人能够言而有信、恪守时间,那么就会有更多的人愿意与他建立商业联系,同他共建良好的伙伴关系,那么,他所得到的机会也就越来越多,事业成功的概率必然也就大大提高了。

第 05 章
为人要克勤克俭

人们经常认为,节俭是指"省钱的方法",实际上并不仅如此,节俭应解释为"用钱的方法"。也就是说,怎样把钱用得最为合理、最为有效,这才是真正的节俭。对于一个人的事业来说,养成节俭的习惯是取得成功的先决条件。

法国有句古语：每一根柴火都不一样。这句话实则意在强调，连柴火这么微不足道的东西都有好坏之分，有些容易点着，有些则很难引燃。既然如此，在我们讨论"节俭"这个问题时，也会很自然地想到节俭这一概念，在不同的条件下也会有着完全不同的含义，有时候堪称美德，有时候则是一种愚蠢的做法。因此，在从商过程当中，我们必须认清什么情况下的克勤克俭是未雨绸缪，什么情况下的过分节约是鼠目寸光。实际上，许多人并不清楚节俭和吝啬之间的区别，并且因此犯下许多无谓的错误而得不偿失。有人甚至因为错将自私当做节俭而落入身败名裂的下场，不但处处遭人鄙夷，而且永远失去了成功的机会。诚然，节俭并不等于吝啬和自私，如果一个人在力所能及的范围内拒绝为他人提供必要的帮助，这完全不是节俭，而是道德沦丧的表现。更为糟糕的是，久而久之,这种行为就会让你忘记，许多深陷困境的人之所以生活窘迫，只是因为他们先天条件恶劣，缺乏我们所拥有的优良生存环境。而在这种情况下，如果我们仍然打着"节俭"的名号，一边拼命地为自己积蓄财富，一边对他人的求援置若罔闻，不愿作出一丁点的牺牲和奉献，这实在有悖人性的常理。

许多人会想当然地认为，节约就意味着省吃俭用、缩紧开支，把所有的钱财都储蓄起来囤积财富。然而实际上，这种观念不但大错特错，更会让许多人深受其害。为什么这样说呢？凡是胸怀梦想的年轻人，在他们刚刚踏上事业的征程时，都应当立志高远，拓宽自己的视野。他们不应只顾着看紧自己的钱财，而应该时刻谨记如何为自己的同胞提供更多的服务和帮助，与他们携手并进共渡难关，或者是如何为事业的成功寻找正确的道路，成为社会上真正的有用之才，只有这样，他的言行举止才会令人信服，他的成功才会势在必得。反之，如果一个人只是一味地追求钱财、凡事锱铢必较，不愿意为必要的事情付出分毫，不但会自贬身价，同时也会影响他人对自己的印象。因此，作为年轻人，尤其是奋斗在事业初期的年轻人，一定要分清节俭和吝啬之间的区别，以免成为钱财利禄的牺牲品。要知道，节俭并不只是意味着节衣缩食，它所包含的意义要远比这深远得多。

伟大的作家罗斯金曾经创作出许多传世佳作，他的整个一生都致力于实现一个崇高的目标：提高人们的道德修养，培养世人的高尚情操。在他看来，只有正确地了解"节俭"的真正含义，人们才能够对人生怀抱健康积极的态度。因此，他认为，"节俭就是对于时间和金钱正确的管理方式"。无论是过去还是现在，这句话都一点也没错。既然如此，我们就不得不探讨一个事关重大的问题：对于时间和金钱，怎样的管理方式才是正确的呢？什么才是年轻商人应该采取的方式和举措？毫无疑问，正确的方式只有一个。所以，为了找到这个独一无二的答案，我们必须全面综合多方面因素来思量考虑。作为一个熟谙《圣经》并笃信其真理的人，每每遇到疑惑和困难，罗斯金都会诉诸上帝的启示以寻求答案，在节俭这个问题上当然也不例外。在《箴言》的最后一章，罗斯金找到了上帝对于节俭所做的说明。这一章讲述了一个贤良的家庭主妇的故事，她不仅是"丈夫的骄傲和荣耀"，还是一个贤良淑德、勤俭持家的典范。上帝以她为例，对于何谓克勤克俭作出了详细的诠释。

年轻的读者朋友，如果你们足够细心，那么你们一定已经从这个例子中找到了有关节俭的美德，找到了怎样才能合理有效地管理时间和金钱的启示。真正的节俭，是指当用则用，当省则省。也就是说，将所有时间和金钱用在刀刃上，而不是盲目地将所有钱财通通积蓄起来。不该省的省，该用的不用，这是吝啬。因此，节省实际上并不意味着"省钱省时的方法"，而是"用钱用时的方法"。由此可见，无论你从事哪个行业，无论你处于何种处境，只要你能够按照《箴言》中给出的指示，合理地管理财物，有效地安排时间，正确地掌握"节省"，长此以往，成功一定志在必得。

在这一章里，上帝为我们展现了一个栩栩如生、惟妙惟肖的家庭主妇形象。我们不妨可以设想，将这个普通的家庭比做一个庞大的企业或者一个组织，这位家庭主妇无疑就是整个企业或组织的领导者，她所表现出的麻利干练、灵活机智，就为如何"合理地管理时间"作了最生动、最具体的诠释。时间就是金钱，因此，有效地节约时间就意味着为你带来更大的经济效益。然而，令人感到遗憾的是，许多年轻人在从商初期很难真正体会到这一真理。在涉及钱财时，所罗门笔下这位家庭主妇的楷模明确告诉我们，节俭并不是吝啬和小气，也不是节衣缩食。她视家里的帮佣为自己的亲人，从不克扣他们应得的报酬，而且只要是力所能及的事，她都有求必应，给予他们最大限度的宽容和帮助。她总是设身处地站在他们的角度上思考问题，为他们着想，慷慨地给予他们足够的生活必需品，从不怠慢他们。无论自己的家境是否富裕，她都竭尽全力为这些家庭成员置办新衣，保证他们每天都能衣着得体。既然她不会克扣佣人，就更不会放纵自己。她时刻都保持着干净整洁，身着紫色的丝质衣裳，这在当时的东方是最富有、最有品位的象征。她把居室打扫得一尘不染、窗明几净，并且用挂毯装饰好整个房间，让家里看起来既富丽堂皇又温馨舒适。她把自己的钱财全部用于装饰自己的家庭。在她看来，家里的佣人也是这个家庭不可或缺的一部分，因此，对于那些为她工作的人，她同样也心怀宽容，以礼相待。这位贤良的主妇，拥有一颗温暖而怜悯的心，每当碰到那些身处困境、需要帮助的人，她总是毫不犹豫地伸出援手、慷慨解囊，并且从不希求任何回报。正是因为她这种高洁的品行，以至于她的整个家庭一直都其乐融融，从来都没有因为贪财慕势而变得自私和邪恶，所以，不仅她的孩子们都能健康茁壮地成长，而且她的丈夫更是对她赞不绝口。

然而，到底该采取怎样的措施才能做到如她一般，在持家有方的同时保持这样的高贵和慷慨呢？实际上这位主妇已经为我们提供了最好的榜样，答案很简单，那就是合理地安排和规划自己的时间。在这个故事中，这位主妇的生活十分具有计划性，从不允许自己浪费一分一秒，也十分善于挑选日常生活用品，"她用的是羊毛和亚麻。就像是乘坐商船采购的商人一样，她总是从很远的地方买回食物和衣服"。她做事目的明确清晰，"从不浪费时间到处闲逛"，因此也总是十分忙碌。在工作的时候，她勤勤恳恳、认认真真；在休息的时候，她心神安定、闭目养神。她的生活十分规律——日出而作，日落而息。无论是寒冬腊月还是炎夏酷暑，她都毫无例外地勤勉工作。因此，她磨练出了坚毅顽强的个性特质，也练就了精明干练的行事风格。生活上的节俭、工作上的**勤勉**以及对于时间的合理安排，让她产生了强大的自控能力，因此对于每一笔开支，她都会深思熟虑之后再作决定，总是在经过全面考察之后才进行投资。她不会因为一时的冲动和疏忽而损失钱财，并且因此赢得了丈夫的宠信。经过谨慎思虑之后，她有选择性地购置了一块土地，并且在这块土地上建起了一座葡萄园。在她的悉心照料下，葡萄园的收成一直很好，收益也持续见涨。再加上她擅长纺织，所织的布匹质地细腻、花样精美，商人们纷纷向她求购，因此她从商人手上赚取了一大笔钱。

读完这位堪称楷模的家庭主妇的故事以后,我们不难想象,她一定头脑十分清晰,凡事井井有条,能够在决策之际作出正确的判断,似乎一切都在她的掌控之下。所以,她才能让自己的劳作变得卓有成效。《箴言》用简洁而形象的语言称赞她"开口便是智慧之言",而且她从不出口伤人,因为"她的言辞都是出于善意"。我们几乎可以肯定,这样的女人会对自己身边所有需要和依靠她的人慷慨无私、尽职尽责。她会对自己的儿女爱护有加,会对自己的丈夫忠贞不贰,会对前来寻求帮助的穷人慷慨援助。这一切正是源于这位主妇对上帝虔诚的崇拜和敬仰,而这种虔诚则培养了她高尚的品性。《箴言》的作者在文章末尾对这位妇人的成功经验进行了如下总结,节俭"让她劳有所得,让她得到了应有的赞誉和奖赏"。

第 06 章

永远要储备一定的资金

但凡想要成功开创事业的人,在创业初期必须进行的首要任务就是原始资本的积累,即存钱计划,而且越早越好。必须学会未雨绸缪、居安思危、防患未然,否则一旦遭遇不幸,就只能任凭自己落入濒临绝境的地步。

未雨绸缪这一成语的含义众人皆知，它一针见血地指明了居安思危的深刻道理。在风调雨顺时囤积下来的财富和粮食，可能就会在大难当头时发挥出远远超出其本身价值的巨大作用。同样的道理，平时看似普通的积蓄，在关键时刻往往会变得至关重要和弥足珍贵。譬如蛋能孵出小鸡，而鸡又能生蛋，如果合理地加以利用，平时的积累就能产生更多的价值，循环往复，让人不断从中获益。

即使是在最不理想的情况下，储备一定的资金也是必不可少的步骤；因为这样至少首先确保了情况不会变得更糟糕，更重要的是做到了有备无患，所以，商界人士都很重视储备资金。无论是已经大获成功的商界精英，还是事业蒸蒸日上的商业人士，他们无不是在保证基本储备资金充足的情况下，才开始走上自己的成功道路。在事业前进的过程中，他们不断充实自己的储备基金，谨慎且明智地将这些资金用于稳定的投资，创造出更多的价值来，以此迅速拓展自己的事业。在创业之初，没有哪家银行会对他们的小额资金感兴趣，但是，他们可以用这样的方式建立起属于自己的"储蓄银行"，经过一番妥善管理和悉心照顾，他们的"储蓄银行"就会成为自己事业发展最为有力的资金保障。

然而，并不是所有人都能在事业初期就意识到储备资金的重要意义。举例来说，假如一个人能够储蓄一千英镑作为自己的储备资金，那么这一千英镑就成了一种固定资产，就算是在最困难的情况下也不能轻易动用，即使是仅仅从中抽取六便士，甚至一便士都不行。遗憾的是，很多人并没有意识到这一点，他们往往会轻易动用这笔资金，甚至在某些时候毫不犹豫地将其挥霍一空，所以，这些人的事业最终只能以失败告终。因此，想要获得事业的发展壮大，就必须在创业初期积极进行资金储备。反之，一旦违背这个世人皆知的道理，那么成功就会成为镜花水月。

切记，不要把自己的储备基金和其他费用混淆使用。因为储备基金之所以意义重大，并不是因为这笔钱财本身价值不斐，而是因为它蕴藏着我们事业发展的巨大潜力。当我们不幸落入困境或陷入绝望之中，这笔资金可以发挥出意想不到的作用。例如，在某些特定的危急情况下，这笔资金就无异于雪中送炭，不仅可以帮助朋友渡过难关，甚至还能带领自己脱离困境。月有阴晴圆缺，人有旦夕祸福，储备资金最大的作用就是未雨绸缪，防患于未然。它既可以让您在他人需要帮助时及时伸出援手，也可以让您在最危急的关头进行自救。因此，无论是为了身边的朋友还是为了您自己，存储一笔可观的应急资金，并且对其进行恰当的管理，都是必不可少的。

通过理智的投资，储备基金可以创造出更多的利润，但是如果管理不当，结果只会适得其反。举例来说，古埃及人十分崇拜鳄鱼，甚至连鳄鱼蛋都会悉心照料，却不知道这些蛋孵出来的是危害生命的怪物。同样的道理，如果我们仅仅是出于贪婪和吝啬而存储资金，或是在盲目无知的情况下进行投资行为，那么存钱的习惯无疑会滋生丑陋的品行，储备基金的行为也会变成孕育罪恶的温床。

可以想象，许多人对储蓄都存有某种荒谬无知的想法。他们认为，如果自己的工资收入并不乐观，或者其赖以生存的经济来源并不足以保证他们优裕的生活，那么他们根本不可能省下钱来进行资本积累。在他们看来，储蓄的前提是丰裕的资金，想要进行储蓄，首先必须要有足够的钱财来维持当前优裕的生活。

然而，无论是谁，除非他一贫如洗、潦倒不堪，或者到了衣不蔽体、食不果腹的境况，否则就没有任何理由不进行储蓄。成千上万白手起家的成功商人，都是在创业之初就开始一分一角地储备属于自己的第一桶金。他们几乎都有一个共同的理念：只要还有收入，就必须从中取出一部分进行存储。其实，他们所做的并非是什么难事，任何一个人都可以做到，问题关键在于你是否抱有这样的决心和信念。我身边就不乏这样成功的例子，无论是脑力工作者还是体力劳动者，他们都没有忽视原始资本的积累。其中有一部分人，因为在事业起步初期收入微薄，每月只能拿出很少一笔钱用于储蓄，所以一年下来他们的存款额仍然微不足道。然而，这一行为的意义绝不仅仅在于存款本身,而在于让他们养成了定期储蓄、防患未然的良好习惯。这一习惯本身就能够让他们从中受益匪浅,因为只有培养良好的消费习惯和正确的理财原则,我们才能为获得成功奠定坚实的基础。

那么,我们应该从什么时候开始储备资金呢?答案是越早越好。如果可能的话,不妨从第一笔收入就开始。法国有句谚语说,"万事开头难",储蓄也是如此。在积累资本的过程中,最困难的莫过于走出原始积累的第一步。要知道,从第一笔收入中拿出一部分钱财存进银行,这的确不是一件很容易的事情。正是因为这一原因,很多人对储蓄望而却步,或者是根本就不屑一顾。囊中羞涩的穷人总是捉襟见肘,觉得很难有多余的钱财用作投资;收入不菲的富人养尊处优,认为根本没有必要未雨绸缪。无论境况如何,我们都应该牢记积少成多、水滴石穿的道理,可惜的是人们往往缺乏这样的远见卓识。越是亘古不变的道理,越是容易被人们抛之脑后。假如我们每个人都能从一滴水的微小力量中看到它汇流成河的巨大潜力,那么这个社会将会向前迈进一大步。然而令人遗憾的是,无论是穷人还是富人,大都满足于边赚边花、现挣现吃的状态。

"现挣现吃"真是个非常形象的表述,手上有多少钱,嘴巴就能消费掉多少钱。然而,一旦遭遇意外或者身陷困境,这些人就会变得入不敷出、濒临破产。通过分析研究我们发现,那些没有积蓄的人并不是因为不相信未雨绸缪的作用，也不是因为他们怀疑存钱是否真的有好处，恰恰相反，他们从不怀疑进行资金储备能够为自己带来好处。问题的真正症结在于，他们怀疑的是他们自己，他们根本不相信自己有存钱的能力。他们总是反反复复地为自己辩解开脱，称自己实在没有余钱可以用于储蓄。如果你向他们证明，以他们现有的收入完全可以存下一部分钱，他们仍然会继续反驳："每次只能存这么一点钱，就算存个一年两年也没有多少。既然如此，存钱又有什么意义呢？"他们觉得，在自己能够承受的范围内可以用作资金储备的钱是如此有限，就算存得再久也未必有什么大的用处，还不如随手花掉来得痛快。这种想法的确情有可原，然而他们却忽视了一个重要的问题：如果因为资金太少而认为不值得储蓄，那么立即花掉这笔钱又能创造多大价值呢？由此可见，抱有这些错误思想的人，实在需要学一学如何从长远的角度去考虑问题。

对于手头拮据、生活仅能维持温饱的人是这样，对于那些家境殷实、衣食无忧的人也是如此。这些人可能受过良好的全面教育，但是却欠缺重要的生活理财观念。我们不妨从维多利亚时期英国贫民学校的格思里博士身上学习一些相关的理念，比如，他曾经引用过"千里之堤，毁于蚁穴"和"永远不要小看一便士的伟大作用"来阐述这个道理。

并不是所有的物质条件都能给予人们精神上的慰藉和安全感。储备资金的最大好处就是，它能够作为一种强大的精神后盾,并以此支持年轻人拓展自己的事业,给他们提供一个良好的起点。比如,在重新考虑工作方向、待业、或者创业起步时,平时的积蓄就能提供巨大的力量,让他们在过渡期能够继续安心工作。也有人会说,"谢谢你的忠告,不过我手上还有一些钱",或者"据我估计,这笔交易立马就能赢利,所以不需要什么过渡"等等。这一观点其实代表了很多人的想法。而这一想法的前提就是,深信自己在任何时候都能独立支撑,不需要外界帮助。显然,这只是一个不切实际的幻想而已。千万切记,那些游手好闲、恣意放纵而又不思进取的人,永远都无法实现钱财上的自由,从而也就无法获得精神上的独立。只会夸夸其谈而不懂得居安思危的人一旦遭遇不幸,就会濒临绝境。

第 07 章
学会把握商机

上帝只帮助那些帮助自己的人,机遇只青睐那些不惧失败、一心奋斗的人,成功也只属于那些不畏艰辛、自力更生的人。一个真正的商人,正是凭借自己的力量闯荡出一片天地,不依靠他人一丝一毫的馈赠而赢取成功的强者。

踏入商界的年轻人大致可分为两类。第一类是相信单凭自己的能力就可以在生意场上获得成功的人,这类年轻人对自己的能力深信不疑,他们往往都白手起家,不依靠任何外界的支援,认为只要自己艰苦奋斗、不懈努力,将自身的能力充分发挥出来,就一定能够夺取成功,在商场中占据一席之地。而第二类人,用通俗的话来说,就是那些"有成功的父亲做后盾的人",较之于第一种只能凭借自身力量的人,他们确实在这一方面有着得天独厚的优势,能够在其他人的帮助下获得商场上的成功。然而,商场上成功的机会往往会偏向于这两类人中的第一类人,即那些凭着自己的能力打拼的人。

毫无疑问,很多有钱人家的孩子都会帮助自己的父亲打理生意。他们的会计室、仓库、工厂、商店以及自己的住所都是父亲给的,他们接受的教育、拥有的社会地位,也都是建立在父辈那一代荣耀地位的基础之上。然而令人感到遗憾的是,对此他们甚至一点都不觉得羞愧,反倒认为是理所当然的。如今有多少年轻人能够仅仅凭借个人能力满足自己的日常生活开销?有多少人可以仅仅依靠自身力量而获得属于他们自己的成功与财富?他们的父辈大都是白手起家,当过工人,做过苦力,他们能够取得今天的成绩、拥有今天的地位,完全是靠自己的艰苦打拼，而绝非依靠祖辈的成功果实，因此他们的荣誉当之无愧。

在此，我们需要讨论一下这样一类年轻人，他们讨厌"游手好闲"，并且努力凭借自己的力量获得商场上的成功。许多年轻人通过自己的努力在商场上闯出了一片天地，并且赚取有限资金以维持自己的开销。但是与此同时，他们并没有继续依靠自己的努力，而是从父辈以及富有的亲戚那里得到生意上的帮助。在这种情况下，他们获得的帮助越多，就越是不利于自己在商场上的发展。因此，这样的帮助最终往往事与愿违。

那么，究竟是什么原因产生了上述结果呢？假如这一类年轻人在努力经商后仍然失败了，那么他们应该做的是从中吸取经验教训，归纳总结出失败的症结，然后在此基础上展开下一番努力拼搏。然而，事实上他们往往没有这么做。他们认为，虽然自己暂时没能取得成功，但是还可以利用亲戚朋友们金钱上的帮助，从而在商场上"东山再起"。

对于那些性格坚毅的商人来说，拥有这种想法的年轻人在商场中所处的情形十分糟糕。作为一名商人，一旦心存这种侥幸思想或投机取巧的念头，即便在他人的金钱资助下获得了暂时的成功，这种成功也无法长久。他们可能会越来越依赖于别人的帮助，长此以往，便放弃了自身的努力，这样只怕今后会败得更惨。因此，他的朋友们应该尽自己最大的努力阻止他继续产生这样的想法。

我就曾经结识过一些这样的年轻人,他们家境富有,而且总是以为自己的亲戚朋友可以在生意上助他们一臂之力。然而正是因为他们总是接受这些人的帮助,所以他们在商场上从来都没有任何建树。幸运的是,不久之后这些年轻人很快就看清了自己的形势,认识到这些帮助对他们自身的发展来说毫无益处。他们最终领悟到,亲戚朋友所能提供的金钱上的帮助是他们最不应该接受的,只有通过自己的勤奋努力而不是别人的金钱馈赠,上帝才会帮助他们抵达成功的彼岸。

尽管我不能保证他们在意识到这一点之后就一定会成功,然而事实是,只有那些在思想上和行为上不惧失败的人才不会总是功败垂成。我还从来没有听说哪个人付出了艰辛的努力但是仍然没有成功。那么一个真正的商人应该做的就是,不要依靠他人一丝一毫金钱上的帮助,而是凭借自己的努力去商场上闯荡。成功只属于那些不畏艰辛、自力更生的人,这也就是说,"上帝只帮助那些帮助自己的人"。

除了上述的情况之外,还有另外一个原因会使得年轻人在商场上屡屡碰壁,最终导致他们的生活也变得郁郁寡欢。从更深一层的观点来看,这一因素所带来的危害比上文所提到的那些要严重得多。许多年轻人从一开始就没有明确的人生目标,没有可行的事业计划,每当他们在一件事情上受挫以后,他们便会就此放弃,转而去做另一件事情。对于英国人来说,这种浅尝辄止的态度尤其令人鄙夷。因为这些人只知道一味地重蹈覆辙,但是却不懂得从失败中反省自己的做法,也不懂得要吸取教训重新开始,所以等待他们的只会是同样的结果——再一次的失败而已。

第 08 章
生财有道

当我们有金子的时候,我们生活在恐惧中;当我们没有金子的时候,我们生活在危险中。在商业社会中,人们如同需要劳动一样,也需要获得金钱以满足自身生存和发展的需要。诚然,挣钱、生财、致富本无可指责,关键是要取财有道。

大多数的年轻人都认为,财富可以使他们远离那种满腹悲伤、心存遗憾的生活。用更加通俗的话来说,现在的年轻人都迫不及待地想要"赚大钱"。但是这个愿望产生的原因不仅仅在于他们热爱财富本身。事实上,"有钱"往往还与另一种情绪联系在一起——"生活安全感"。他们认为,只要有了足够的钱就可以避免那些"不好的事情",虽然有时他们自己也很难说清楚这些事情到底是什么,但是毫无疑问的是,金钱多多少少会为他们带来一种"生活安全感",同某种他们渴求的"舒适感"有一定的关联。

但是当他们真正有钱的时候,他们却极其失望地发现,金钱其实并不能给他们带来所谓的安全感,也不能让他们得到那些曾经梦寐以求的东西。钱财不仅没有让他们的生活变得像想象中那样舒适,而且当他们现在积累的财富已经远远超过年轻时的梦想时,他们却满怀诧异甚至不无遗憾地发现,财富除了给他们带来极大的忧虑与不安之外,实在是没什么好处可言。有些人认为,他们现在所拥有的巨大财富是自己劳动的成果,是自身能力的标志。但是当他们回忆起自己年轻贫穷的生活时,又会不禁备感遗憾,甚至经常想要放弃现在的财富,回归到原来平静、快乐的日子里去。归根结底,人们总是不满足于自己所获得的东西,一旦旧的欲望得以实现,新的欲望又会不请自来,而就是因为这种从不知足的感觉,使得人们总是欲壑难填。反过来说,也正是这种欲望和贪念,让人们从来都不会感到心满意足。

对于那些渴望能够挣到大钱的人来说,他们总是认为,唯有金钱才能使自己从生活的艰难困苦中解脱出来。尽管从某个方面说这种观点无可厚非,但是它仍然有不正确的一面,甚至可以说是错误的。金钱本身虽然没有错,但是如果我们不善加利用就会产生问题、出现错误。当挣钱成为每一个生意人唯一的目标和想法时,那么这样的生意人只会处处遭受人们的鄙夷。实际上,他们才是最可悲可怜的人,因为他们已经彻底忘记了什么才是商场上本应具备的素质,也已经完全抛弃了商场上真正值得拥有的品质。

我们能够通过诚信的劳动而获得钱财,这是一件值得感恩的事情。只有当我们的钱财以正确的方式用在正确的地方时,它才会发挥出好的作用。因此,钱财本身并没有错,错的是我们对待它的方式。我们应该把钱用在该用的地方,取之有道,这样财富才能够为我们带来好运,上帝才会赐予我们真正的幸福和快乐。

如果年轻的商人从踏入商场的最初时期,就能对钱财抱有正确的态度和看法,那么他们就已经懂得了应该怎样去经商。他们会在年复一年的努力奋斗下日积月累,但是却不会急于"一夜暴富"。他们不会对钱财锱铢必较,不会让自己沦入欲壑难填的境地,更不会为了赚钱而不择手段，使自己饱受痛苦的煎熬。像许多人一样，他们也不断地积蓄财富，但是却取之有道，因为他们把这些钱财看做是上帝赐予自己的礼物。因此为了感谢上帝，他们不仅会继续诚恳地努力奋斗下去，也会尽力把这些财富用好，用到那些可以帮助他人的地方，用在有价值、有意义的地方。正如上文所说，他们从来不会渴望自己一夜暴富。对他们来说，钱只不过是个数字而已，所以他们不会将赚钱作为自己的唯一目标，更不会因为自己越来越多的财富而变得沾沾自喜、得意忘形。

第09章

千万不要虚掷光阴

一个享受充裕时间的人不可能赚大钱,要想悠闲轻松就会失去更多成功的机会。反之,一个懂得把握成功的人,都必须经过时间的沉淀。前者是典型的穷人思维,而后者很清楚从商之路上的每一秒钟,不是为成功作准备,就是为失败作准备。

我们不妨观察一下，周围那些善于社会交往、人际关系广泛的年轻人，很可能都会有一些整天"东游西荡"、"无所事事"的亲戚朋友，而这样的人也就是我们通常所说的游手好闲之人。

依据这个标准，现在的年轻人大致可分为以下这两种。第一种是那些被称为"乐天派"的年轻人，他们总是天马行空地幻想，异想天开地认为好运自会来临，他们所做的一切，就是等待着有什么好东西突然从天而降。他们绝不会为了自己等待的东西是否会出现而自寻烦恼，也不会因为这种未知性而焦躁不安。在他们看来，时间就如同他们所等待的东西一样，是一个模棱两可、极不明确的东西。第二种人则与第一种人截然不同，他们不仅不会将自己置身于这种消极的等待中，也不会把自己的命运交付那些"时间"所能带来的东西，恰恰相反，他们所表现出的积极性和主动性要远在前者之上。无论是在生活中还是在事业上，他们总是会为即将发生的事情而变得蠢蠢欲动，因为他们迫不及待地期盼着这些事情能早日实现。他们跃跃欲试、激情满怀，希望每天都会有新的事情发生。正是源于这种好奇心，他们总是对新鲜事物充满了热情，并对此乐此不疲。从年轻的时候起，他们就会不断地尝试新奇的事情，但是年复一年，再也没有什么新奇的事物可以引起他们的好奇。因为他们总是对新鲜事物抱有极大的积极性，日常生活里很少有事情可以吸引他们的兴趣，所以在这种情况下，他们中的大多数人都转而把目光投向了自己不熟悉的商业领域。对他们来说，那些熟悉的领域已经难以为他们带来新奇的想法和新鲜的感觉。因此，他们便会不停地探索新的领域，挖掘新的世界，而他们自然就不会变得游手好闲，这一点显而易见。

然而就现实而言，怎样对待那些游手好闲的人却绝不是一件容易的事情，因为我们必须想方设法让他们变得勤勤恳恳、脚踏实地。但是这也并非不能做到，在我经商的过程中，我就曾经遇到过不少出人意料的成功事例，许多游手好闲之人最终变成了兢兢业业的实干家，不再处处依赖自己的亲朋好友。不过在此之前，人们还是对此颇为担忧，那些游手好闲者整日生活在不切实际的幻想之中，梦想着自己的工作能力会随着时间的推移而自动提高，这种不劳而获的空想又怎么能转化为现实呢？实际上，在刚刚踏入商界时，大多数人都并没能立即得到自己中意的工作。可以想象，在这种情况下，游手好闲之人必定会变得意志软弱、生活消沉，而在这种消极情绪的主导下，他们就更难获得一份满意的工作。然而，一般来说，这些游手好闲者并不太可能自动放弃这种消沉的生活方式，也不会自愿去付出任何努力来改变现状，更不会去着手寻求其他有用的谋生手段和职业。这种无所事事的态度往往让常人难以理解，因为在普通人的眼里，一个人只有通过身体上和精神上的共同努力，才能获得一份踏踏实实的工作。但是对于那些游手好闲的人来说，他们只愿意去做简单易行的事情，想要让他们鼓足干劲实在是非常困难。由此看来，对待这样的人只有一个办法，那就是听之任之，任由他们自己发展。让他们自己去闯荡世界，让他们学会怎样用自己的劳动收入来维持生活，或者反其道而行之，任由他们继续无所事事、游手好闲下去，直到自己食不果腹为止。因此，那些过分溺爱孩子的父母或亲戚朋友应该明白，他们不应总是为这些游手好闲者提供帮助，不应继续放纵他们的无理需求。他们完全可以让这些人依靠自己的双手开始工作，让他们自己去寻求生活所需要的一切。

或许对于有些人来说，采取上述方法来治疗游手好闲似乎过于残忍，然而，若想彻底改正这一恶疾，这却是唯一行之有效的办法。不可否认，世界上的确有许多事情十分残酷，但是在绝大多数情况下，我们的出发点都是善良的，上述办法就是如此。据我所知，就这一点而言，许多老成练达而又和蔼可亲的商人也深有同感。一个智者怎么会不同意我们把一个游手好闲者转变为一个踏踏实实的人呢？

即使是在那些业务繁忙的企业里，无所事事的人仍然随处可见，可以说几乎每个工厂里都不乏游手好闲者的身影。这些人每天东游西荡地混日子，无论做什么事情总是马马虎虎、敷衍了事。他们总是希望自己可以什么工作都不用做，即便是在工作的时候，他们也会想方设法偷工减料，伺机蒙混过关。其实，那些员工整日无所事事，每一个主管或经理的心里都一清二楚。因为这些人平日里就什么也不愿意去做，身上也看不到任何工作中应有的热情和主动性，整天就是等着发放薪水的那天到来，而且也只有在这一天，他们才会表现出一丁点儿工作的积极性，好像他们每天都在努力工作一样。实际上，想用这种演技来蒙蔽领导者的眼睛，这恐怕不是常人力所能及的。对那些游手好闲的人来说，似乎只有薪水才能暂时唤起他们的良知，激发他们那一丁点儿可怜的上进心，这真是一件令人悲哀的事情。

通常来说，一个人无所事事的毛病往往都是后天养成的。除此以外，游手好闲往往还会转变为自甘堕落。的确，有些原本勤勤恳恳、踏踏实实工作的人，后来却加入到了游手好闲者的行列中去，并从此变得无所事事。这其中的原因不仅我们很难说清楚，就连他们自己也不得而知。然而更为不幸的是，这些人非但没有感觉到一丝的痛苦和愧疚，他们的亲戚朋友还变成了受害者，因为以后他们不仅需要负担起这些游手好闲者的生活，而且还不得不接受自己的亲人自甘堕落的事实。可悲的是，这些人一旦日复一日地自甘堕落下去，就很少有人迷途知返。

一般来说，这些人之所以堕落，是因为他们对生活感到一种极度的沮丧和失望之情，从而丧失了对生活的信心。然而实际上，真正让他们失望的并非是现在的生活，而是他们自己。在我个人看来，之所以生活中某些令人失望的事情会对他们的人格造成如此巨大的影响，也正是出于这样的原因。在面对这些失望时，他们原本可以选择努力改变与之对抗，但他们却只会走上自甘堕落的道路，没有比这更为愚蠢的行为了。

为了证明上述观点，在这里我来举个例子。这是一件真实的事情，就发生在我认识的一个年轻人身上。他在刚刚参加工作的时候，是一个兢兢业业、勤勤恳恳的员工，通过自己坚持不懈的努力之后，从公司最底层的学徒一步步升到了部门经理，年纪轻轻就已经获得了丰厚的薪水，并且在同行业的领域中取得了相当的影响力。然而他唯一的缺点就是脾气很糟糕，所以他经常与别人发生口角，而这些争执大都是由于他自己的原因造成的。有一次，在和同事开展一番激烈的争吵过后，他一时气愤不过，就写了一份言辞激烈的辞呈。正是因为这份辞呈，他再也无法回到原来的单位工作了。当他意识到自己的愚蠢行为后，他感到十分后悔，也非常懊恼，可惜为时已晚，大错已经铸成。从那以后，似乎一夜之间他就突然变得两鬓斑白，苍老了不少，而且总是一副垂头丧气的模样，从此一蹶不振，成了一名地地道道的游手好闲者。时至今日，他仍然需要依靠好友的支援才能勉强维持生活。

第 10 章

脚踏实地的工作态度

一个以薪水为奋斗目标的人是无法走出平庸的生活模式的,也从来不会有真正的成就感。薪水只是工作的一种价值体现,而非工作的意义所在。因此,每个想要成功的人都应当懂得从工作中获得更多更重要的东西:珍贵的经验,良好的训练,才能的表现,品格的建立。

想要取得事业上的成功，首先就必须脚踏实地把现有的工作做完，这句话无疑蕴涵着深刻的哲理。在这个纷纷扰扰的现代社会里，许多年轻人都认为，本本分分、按部就班地工作实在是一件令人厌烦而痛苦的事情。不仅那些条件优越、有一定社会地位的年轻人这么认为，就连工薪阶层的人们也普遍持有相同的观点。这一点的确令人感到悲哀，对于那些经济状况并不乐观的年轻人来说，他们的工作仿佛是迫不得已必须要进行的，这往往也会令他们苦不堪言。在他们心里，工作是不得已而为之，是为生活所迫，倘若不用工作就可以谋生的话，或者本就家境富裕、无所顾虑，那么即使是再简单的工作，他们也不愿意从事，更不会去考虑怎样把自己的本职工作做得更好。他们唯一关心的就是怎样才能赶快熬到发薪水的日子，怎样才能在这个时间内用最少的精力完成任务。对于这些人来说，以上这种评价并不过分。事实上，不仅是工薪阶层，生活中其他许多人也都对工作抱有这种误解，而且这一人数远远超出我们的想象。

也就是说，对工作的误解不仅存在于劳动阶层之中，即便是那些衣食无忧的人们，也都普遍抱有这样的误解。对于后者来说，他们通常能够依靠自己的亲戚朋友获得生活必需品，因此他们宁愿选择不劳而获，任凭自己终日无所事事、游手好闲。如果你和他们谈论有关诚实劳动的话题，他们一定不习惯也不愿意讨论这些事情。如果你同他们讲工作尊严，只怕他们根本不会明白你在说什么。只有等到这些游手好闲的纨绔子弟以及那些以工作为生的劳动阶层，都能够彻底领悟工作的真正意义，我们的社会才能够克服对工作的误解和歧视。

工作是一种有尊严的活动。凡是对世界作出贡献的、热爱工作、热爱劳动的人们，他们都值得我们尊敬。无论他们从事的是什么工作，无论他们的工作有多么卑微或艰辛，只要这项工作能够促进社会的进步，并且能够为人类创造价值，他们就总是不辞辛苦、任劳任怨地工作。他们从事这样的工作，不仅因为他们有能力造福于人类，而且还因为他们喜欢工作、热爱劳动。他们绝不会认为工作就是在贬低自己、侮辱自己的人格。恰恰相反，他们认为正是劳动让他们感到无比光荣。在他们看来，那些整天无所事事的人才是可耻的。因此我认为，对于这些诚实可靠的劳动者，我们的社会应该心存感激。

我们不仅应当鄙夷那种游手好闲、无所事事的行为，而且应当给予那些辛苦劳动、努力工作的人更加美好和富有的明天。任何人都不能心存侥幸，认为不需要艰苦工作就能够在商场上叱咤风云。同样，任何人都不应当认为，依靠劳动过活就是有损于自己的身份。只有勤勤恳恳、努力奋斗，一个人才能够真正获得成功。

第 11 章

合理利用工作时间

不要让你的工作支配你全部的生活，要劳逸结合，视自己的健康为首要。安排自己在完成工作后稍加休息，给自己一个适当的恢复期。众多商界人士都在告诫人们，要做一个既会工作又会生活的人。只有这样，才能有更多的精力去创造更优的成绩。

无论是造物主，还是《圣经》中的箴言，它们都无一不在告诉我们，正如宇宙有春夏秋冬与日月更迭一样，我们的时间也要划分为"工作时间"和"休息时间"。无论做什么事情，最明智的做法就是首先安排好自己的时间，这不仅有利于我们确保自己的体力和脑力足够充沛，而且有助于我们更顺利、更高效地完成工作任务。如果一个人想要又快又好地完成自己的工作，但是却没有任何计划性可言，不去按照工作规律办事，不能合理调节工作和休息时间，那么他一定不可能圆满地完成这项任务。请一定要记住，只有进行适当的休息，我们才能够做到万无一失、两全其美：既保证工作效率，又维护自己的身体健康。

倘若一个人缺乏健康的身体素质，那么他必然很难保持良好的工作状态，这样的话，恐怕这个人什么工作都难以胜任。然而，许多人往往忽略了这个常识性的道理，他们夜以继日地拼命工作，完全忽视了身体素质的因素，直到自己累倒了才突然意识到它的重要性。虽然这些疾病通常都是突发的，但实际上，它们已经在这些人身上潜伏了很长一段时间。如果他们能够一直保持合理的作息时间，这些疾病的发生是完全可以避免的。

令人欣慰的是，通过适当的休息调养或者合理预防,这些疾病都可以治愈。但是,许多人通常都是在生病之后才意识到自己所犯的错误,才发觉自己早就该停下来休息休息。虽然有诸多其他因素也可以引发某种突发或者慢性疾病,但是如果我们能够及时进行适当休息,就能够做到防患于未然,避免身染重恙。如果一个人长期过度工作,他就会感到四肢乏力、神思倦怠。实际上,这些症状就是在向他提出郑重警告,告诫他自己的身体已经超负荷了,必须好好休养一段时间才能继续运作。在这种情况下,如果你是一个头脑清醒且不乏远见的年轻人,那么你就应当选择立即休息。不幸的是,有不少年轻人不仅不愿意理会身体的告诫,而且还夸夸其谈地说自己有多么强壮。实际上,一旦你开始感觉到自己已经有些精疲力竭了,就应该毫不犹豫地停下来休养,因为身体的征兆已经明确告诉你,接下来你应该做的是什么,你需要做的是什么。如果你不能满足它的这个要求,那么它就会按照自己的方式严厉地惩罚你。可以预见,倘若你的身体出了意外状况,这将会为你带来多少痛苦和麻烦。也许有人认为,现在正是工作的大好时机,一旦停工休息就会荒废了自己的前程,因此夜以继日地疲劳作战。对于你的这种态度,你的身体只会以更加痛苦的疾病来惩罚你,让你得不偿失,要你深知违背它的原则将会有多么惨重的后果。

如果真的出现这种紧急情况,那么你就必须及时作出明智的选择。众多商界人士都在通过自身的痛苦经历给我们以告诫:避免过度工作,合理安排休息绝不是在浪费时间；与此相反，你是在利用自己的时间。俗话说，对智者点到即可。因此，在这里我想要强调：如果你对这些老成持重的商界前辈所提供的明智之语不屑一顾，那么你就会犯下愚蠢的错误。

第12章
一次只做一件事

你应该设立一个既简单又有效的工作档案系统,尝试一次只处理一项工作,并将重要的那些置于优先位置。除去不必要的任务清单,养成每日清理案头的习惯。只有理清轻重缓急,才能有条不紊地解决问题,确保万无一失。

要想把工作做到尽善尽美,你必须一次只做一件事情。我曾经听见一个人问另一个人说:"请你告诉我,为什么你能够有条不紊地把所有工作都做得尽善尽美,而且还能够如此合理地安排自己的休息时间?无论我怎样努力,都无法做到你的样子。"不管此言是否含有恭维的成分,作为一家大型企业的总经理,在自己所从事的这一领域里,他总是显得神采奕奕、精力充沛,而且从来不会放纵自己,每一件事都能做得井井有条。因此,很多人都问过他同样的问题,而每次他也都给以同样的答案:"当面对纷繁复杂的工作时,我总是会把它们分成两个部分,一部分是我必须要做的,而另一部分是可做可不做的。然后,我再决定其中哪件事情必须立即处理,哪件事情可以推迟完成。最后,我会集中所有精力,尽快解决这件必须马上完成的事情。不管这项工作有多么困难、多么琐碎,也不管其他事情有多么急迫,我都会坚决把其他事情放在一边。也就是说,我不会三心二意地同时处理很多事情,而只会全心全意地关注一件事情,当然,这件事一定是必须立即完成的事情。"

许多人的工作都十分繁忙,工作内容也非常烦琐复杂。就这些人而言,将自己从众多的任务中抽身出来,转而把所有注意力集中于其中一件事情上,专注地去完成这一件事情,的确很不容易。但是,利用这种方式的转变,我们可以很好地培养自己专心致志的工作态度。这个习惯非常值得大家去养成,因为它不仅能让我们的工作变得更加有条不紊,还能够帮助我们更快更好地完成所有工作任务。对于任何一个能够圆满完成工作的人来说,无论他们的说法怎样不尽相同,其中的实质却都毫无二致。比如,有的人可能会说:"没错,我在忙一件事情的时候,绝不会让自己被其他事情所干扰。"

可是,在面临某些迫在眉睫的事情时,有些人总是会思前想后、心烦意乱,让许许多多并不重要的事情在脑海里盘旋,使得自己"头昏脑涨",因此也常常顾此失彼、左支右绌。事实上,这个时候你必须要做的是,首先让自己冷静下来,理清每件事情的轻重缓急,这样才能保证万无一失。

第 13 章
不要拒绝失败

成功让我们懂得应当做什么事情,而失败则教会我们什么事情绝不能做,所以,承认失败,然后忘掉失败,不过要牢记失败中的教训。将失败视为学习的过程,找出方法,避免重蹈覆辙。事实上,未曾失败的人恐怕也从来未曾成功过。

生活中总是随处可见各种各样的答案。对于一个人工作的成败，有些答案是肯定的，有些答案则是否定的。在商场上，无论是失败的教训还是成功的经验，对我们来说都同等重要。因为在很多情况下，"知道不去做什么"都可以转化为"知道要去做什么"。

即使是那些优秀的成功人士，他们也多半不愿意承认，他们的成功其实正是源于自己的失败经验。对于自己曾经的失败以及失败的原因，许多人总是倾向于闭口不谈，或是遮遮掩掩。然而，无论是对于国家的进步，还是物质文明的发展，这种羞于言败的态度都会得不偿失。举例来说，机械工程科学就是这样。人们很少提起这一事实，当今人类世界所创造的伟大成就,以及现代社会所取得的迅速进步，正是后人不断继承和发扬前人伟大发现的结果。昔日那些伟大的工程师和机械师给我们留下了不计其数的失败教训。沿着他们走过的道路，踩着他们留下的脚印，我们才能将他们留下来的方案进一步完善，从而最终获得成功。对他们来说，当时这些失败的尝试无异于一种巨大的痛苦和失望，但是正是他们曾经的失败，才让现在的我们学到了如此多极为有用的知识。因此，这些失败经验的价值无法估量，正是他们的失败为我们指明了通往"完美"道路的方向，为后人奠定了抵达成功彼岸的基础。

但是,令人十分诧异又不无遗憾的是,尽管他们为我们留下了一笔宝贵的财富,但是我们却从来不知道如何去珍惜。出于人类的天性使然,我们不喜欢谈论自己的失败。即使是那些诚实正直、头脑开明的佼佼者,也羞于承认自己失败的经历。就像其他人一样,许多年轻人都不愿意承认自己曾经失败过。因此,我们有必要让普通大众明白,商业上的失败并非是什么羞耻之事,也不是一个偶然事件,恰恰相反,它是我们从商的指导方针,是成功必备的理论基础。

但是以上的情况也有例外,最明显的就是那些与科技发明和社会进步息息相关的行业。在这些行业里,我们总是无可避免地从一开始就遭遇挫折,落得失败的结果。很少有人会认为,新的发明创造仅仅是现代发现者的突发奇想。众所周知,科技发明不同于神话故事,不能像掌管智慧和技艺的女神密涅瓦那样,可以直接从朱庇特主神的大脑中凭空出现。反之,只有依靠人类一点一滴的摸索和积累,才能一次次地进步,才能不断完善自己的发明创造,从而达到完美的境界。

对于年轻的商人来说,要想取得成功,最明智的策略就是虚心学习别人失败的教训,否则就只能凭借自己持之以恒的努力,一步一步地艰辛摸索,最终才能完成任务。如果我们能够吸取别人过去的经验教训,从而避免自己将来也走上同样错误的道路,甚至因此而导致失败,那么与提前吸取他人的教训相比,难道还有什么比这更好的办法吗？所谓先见之明，就是善于利用别人过去的经验来指引自己前进的道路，这正是商业精英有别于普通人的根本原因。

不管你的知识是否源自他人的经验教训，或者你是否曾经在自己的商业计划与研究中遭遇失败，它们都会为你未来的事业带来很大的帮助。当你重新踏上一段新的人生旅途时，失败的教训会告诉你哪些路不能再走，哪些错误不能再重蹈覆辙，这样不仅可以使你降低风险，帮助你节约时间，而且还能促使你尽快到达成功的彼岸。正因为如此，我要再次强调这个刚开始很多人似乎难以接受的事实：在商业活动中，成功可以让我们懂得应当做什么事情，而失败可以让我们懂得什么事情绝不能做。这两者同等重要。

第 14 章 卧薪尝胆

让自己多一些耐性。遇事不要急于下结论,学会三思而后行。站在不同的角度就有不同的答案,尤其是在遇到麻烦之时,学会耐心等待,换位思考,坚持到底。此刻的等待,往往就是下一刻的成功。

意大利有句谚语说的好："只有愿意耐心等待的人才能成功捕获猎物。"也就是说，成功只属于那些坚韧不拔、耐心等待的人，这一点对于商人来说尤其重要。作为一名商人，在其应当具备的所有素质和个性当中，没有什么比"等待与坚持的能力"更能考验他们的耐心了。

耐心和等待是一个商人应当具备的基本素质之一，因为只有当你能够做到深思熟虑、三思而后行时，你才有能力决定自己该在什么时候耐心等待，该在什么时候迅速出击。有时候，等待是我们解决事情最为简单明了的办法，"把船停下来，靠着船桨小憩，任凭河流把我们带去某个未知的地方"。当然，在另外一些时候，这样做却也有可能是最坏的选择。当最佳时机从天而降时，我们就必须迅速采取行动，集中精力解决问题，直到圆满完成这项任务为止。对于年轻的商人来说，最让人感到困惑的就是，"在我面临失业危机的紧要关头，什么才是正确无误、明智审慎的解决办法呢？难道我不应该去做点什么吗？难道我只要耐心等待，只要静静地看着时间溜走，我就会得到回报吗？"

然而，随着时间的不断流逝，有些事情常常会带给我们更好的结果，这一点的确让人感到惊讶。这种情况让我不禁想起了莎士比亚的《哈姆雷特》中某些人物经常爱说的一句话：

"上帝已经决定了我们的命运，
我们只能对它加以改造。"

在有些情况下，解决问题最明智的方法并不是绞尽脑汁苦思冥想，而是静静地接受眼前的现实，等待时间为我们揭开答案。在这时候，最好的行动方针就是耐心等待，我们只有把它留给那些有能力运筹帷幄的人，才能够得到解决问题的正确答案。在很多情况下，对于年轻的商人来说，究竟是应该行动还是应该等待，他们自己往往无法作出正确判断。那么，当你除了等待之外无计可施的时候，你只有继续坚持等待，才会逐渐看清时间究竟给我们带来了什么样的指引，让我们获得什么样的结果。

实际上，大部分人都懂得耐心等待、坚持到底的道理，那些总是自以为是或者无视现实的人终究只是少数。最后，当不幸的厄运降临到他们身上时，他们的耳边一定会响起丧钟般的鸣声，"要是你曾经富有耐心的话，要是你曾经静静等待的话，那么所有的事情都会得到令人满意的结果。但是你并没有耐心等待，你过早地采取行动，所以你只能落得现在这样一个令人悲哀的结果"。我们都知道，许多人在刚刚踏入商界时，时常会有精疲力竭、忧心如焚的消极情绪。在这个时期，他们的生活产生了巨大的危机，而这种紧迫感就让他们觉得，似乎无论自己做什么事情都不可能顺利完成。究其原因，是由于他们失去了耐心，没能安静地等待事态的自然发展，因此才没能得到水到渠成的结果。简而言之，他们之所以功败垂成，正是因为他们在应该等待的时候没有坚持到底。

有些人也许会认为，如果自己不积极进取、迅速行动的话，他们的事业就不会有任何进展。然而，只有当他们经历过重大损失，或者遭遇到严重灾难以后，他们才会真正明白：在商界里，作为一名商人，最重要的能力之一就是耐心等待和坚韧不拔。

我们不仅应当知道怎样耐心等待，更应当知道在何时需要静候命运的佳音。至于什么时候应该耐心等待，不是三言两语就能讲得清楚，因为想要弄懂这门深奥的学问，除了依靠自己的耐心以外没有其他任何捷径。也就是说，这一点只能通过自己的实践经验去用心体会。有些人天生就富有耐心，而另一些人总是生性鲁莽，行事冲动，就像他们自己所说的那样，他们不喜欢枯燥无味的等待。但是，明智的年轻人一定要学会耐心等待，只有这样，他们的商业生涯中才会出现更多的机会，他们的事业才能有更大的空间，他们也就能更好地发挥出自身的价值。

第15章 调节节奏,远离疲劳

假设你因纷扰繁杂的事情而备感疲劳,这时选择放松一下不仅无可厚非,而且十分必要。但在放松娱乐的过程中,应在显眼的地方贴一张"适度游戏"的告示。倘若这一游戏会消耗你更多的精力,那这种放松只会适得其反,让你离疲劳更近一步。

当眼前纷繁芜杂、瞬息万变的商业状况让你感到疲倦烦恼，而你却不得不强迫自己静下心来努力应对，这时的你，无异于是在经受某种精神上的考验。很多人认为，无论做什么工作，要有计划才会有效率。因为只有按部就班、有条不紊地进行你的工作，才能够使你暂时忘却心中的烦恼，才能够使你心平气和、又快又好地完成任务。这一点不仅适用于体力劳动，同样也适用于脑力劳动。如果你仔细观察，你就会发现，要想有效缓解脑力劳动的艰辛，就必须做到张弛有度、适时调节。

举例来说，当商业活动中的某种烦恼让我们感到心情压抑，或者工作中一系列复杂的问题让我们备感疲倦时，那么无论我们从事的是什么样的劳动，这时我们最需要的都是暂时停止这些工作，将这压力重重而又令人烦恼的思绪搁置下来，让自己好好休整一下。如果一个人用脑过度，脑力劳动强度太大，他就很容易感到精疲力竭，仿佛自己的全部精神都已消耗殆尽一般，而一旦到了这种境地，什么问题他都不愿再去思考。在我看来，想要让自己获得有效的调节，最好的办法就是做一些不需要思考的事情，或者做一些简单易行的事情，让自己得到一个短暂却极为必要的放松。

那么，应该如何让我们疲惫的精神得到适当的休整呢？我们不妨来看看下面这些方法：在公园中漫步，花很长时间悠然自得地观赏大自然的花花草草；或者在乡间的小路上慢慢闲逛，将所有的心事都抛在路边，悠闲地在灌木丛中四处溜达；懒洋洋地躺在长满苔藓的河岸边，或者坐在郊外的篱笆墙边，尽情呼吸春日的新鲜空气，仔细体会上帝带给我们的美好世界。除此之外，我们还可以选择一些简单易行的机械工作，借此转移自己的注意力，譬如修葺屋顶、调整钟表等等。要让自己感觉到从那种辛苦、压抑的精神状态中解脱出来，感觉自己的头脑不再背负着沉重的负担，思想也得到了适当的休整。有时候，我们还可以静静地坐下休息，什么都不用做，或者不妨偶尔翻阅一些不太需要费脑筋就可以理解的书刊。

就个人而言，我很难理解有人能够通过玩复杂的棋类游戏而获得放松。显然，如果想要下好棋，你就必须不断地改变思维方式，这必然要消耗很多脑力，因此很难说这些人在做完这些复杂游戏之后还能得到精神上的休憩。这一点是我和好友的切身体会。与此同时，我们不应该忽略一个事实，那就是人类是一个集精神、道德和体能于一身的复杂机体，每个人都有着与众不同的特质。因此，上述方法或许适合一部分人，但不一定适合其他的人。

即便如此，从常识性的观点来看，如果我们想要得到休息，得到精神上的调整，那么，越是与平时所作所为相反的事情，越是能够让人感到放松。当我们觉得压抑的时候，不管这些烦恼是来自工作还是来自其他事情，只要是我们想要休息，那么我们就必须适度调整自己，只有恢复了自己的脑力和体力，我们才能够圆满地完成工作。在我看来，调整自己最好的方法就在于，尽可能地让自己活跃的思维得到完全放松。在这种情况下，一些体力劳动最能有效地帮助我们恢复精疲力竭与过度紧张的神经。

但是，我们选择从事的体力劳动或者机械性操作，一定不能是某种程序复杂的工作，否则，这只会对我们的体力带来更大的损耗。如果一个人因为脑力劳动过度而备感心烦意乱，想要舒缓自己紧绷的神经，结果却选择了某种复杂的劳动来做，那么这样只会适得其反。因此，在这种情况下，我们应当选择那些简单易行、不需要过分集中注意力的事情。这样一来，我们不仅可以从这些机械性的工作中得到满足，同时还能够调整自己的心情，舒缓紧张的神经，让自己感觉是在做一件十分有意义的事情。即使这些机械性的劳动本身并没有什么实际意义，但是它能够让我们放松下来，我们压抑的心情也会因此变得明朗起来。我们甚至可以说，这种机械性的劳作已经达到了调节神经的目的，因为它可以让紧绷的神经松弛下来，我们也就得到良好的休整。

第 16 章

工作之中总有烦恼

成功路上,烦恼无处不在。倘若此刻只是怨天尤人、抱怨不已,只会无形中增加你的"情绪控制成本",消耗你的"能力资源成本"。不管你对成功如何定义,积极面对总会对成功更有价值。积极不一定成功,但消极肯定失败。

我们当中的大多数人都听过这种言论："让人窒息的不是工作本身，而是工作中的那些烦恼。"就像其他经常被人们引用的名言一样，这句话本身就蕴涵着发人深省的哲理。毋庸置疑，大多数令人烦恼的生活都会使生活本身变得更加痛苦。然而这还不是最糟糕的，最糟糕的是长久生活在这些令人厌倦的烦恼下，人的生命就会不断地消磨殆尽。然而，每个生命都有着各自烦恼的事情，没有谁能够逃避它的侵扰。正如我们所看到的那样，有些人在晚年时比年轻时显得更加精力充沛、健康快乐，而另一些人总是疾病缠身、意志消沉。因此，我们必须设法找到某种方法，从而避免这些烦恼所引起的痛苦。

我们并不是说有些人的生活中很少有或是根本就没有烦恼，而另一些人的一生中处处都是烦恼，因为实际情况并非如此。从我的个人经历来看，每一个人都无可避免地会遭遇烦恼，不同的是人们对待烦恼的方式。有些人在遇到烦恼之后会沉着冷静地应对，最终完全摆脱那些工作烦恼带来的不良影响；另一些人却像那句尽人皆知的谚语所说，"他们直到临死前的最后一刻仍然忧心忡忡"。没错，只有等到他们感觉不到烦恼的那一天，他们才会真正从烦恼中解脱。

因此，头脑健全的人一定会得到这样的结论：烦恼对人造成的影响主要取决于人们接受它的方式。在我看来，有些烦恼原本是完全可以避免的，然而不幸的是，人们往往是在自寻烦恼。各行各业都有自己的烦恼，每个人的烦恼也不尽相同。可以说，我们的烦恼都是别人带给我们的。在某些环境和状况下，我们难免会遇到各种各样的烦恼，但是，最终这些烦恼对我们产生了什么样的影响，这就完全取决于我们处理烦恼的方式。有些人能够积极对待生活中的痛苦和损失，例如聪明的朝圣者，他们在接到苦行命令，要求他们把豌豆放入鞋子步行千万里时，他们会把豌豆煮熟了再放入鞋子里；而其他消极面对生活的人却只知道不满和抱怨，即使有人告诉他们修行中可以使用煮软的豌豆，他们照样还是把生豌豆放在鞋子里走路。其实，以上提到的两种情况在我们的生活中已经司空见惯了。无论从事什么工作，乐观的态度就是一种明智的选择。倘若因为自己遭受损失和痛苦，就要给他人造成更大的痛苦，这种做法对我们没有任何好处，因为那只是加重了我们自己的痛苦而已。有时候，没有什么事比这更能让我感到惊讶的了，有些人仅仅是为了一些鸡毛蒜皮的小事就烦恼不已，而且甚至在很长一段时间内都为此痛苦万分，这实在是一种徒劳无益的做法。因此，总是为了不可避免的烦恼而愁肠百结，这种行为极为愚蠢，它只能带给我们更多的痛苦。既然我们既不能避免烦恼，也不能改变自己的烦恼，那么，我们就不应该愚蠢地把时间浪费在发怒上。

对于明智者来说，时间就是金钱。他们绝不会"对着打翻的牛奶瓶放声哭泣"，因为这种行为是一种愚蠢的行为。反之，聪明的人会将打翻的牛奶瓶搁置一旁，然后立即开始工作，赚取更多的钱来买更多的牛奶。有些人总是喜欢担心这担心那，所以他们永远也不会感到开心，因为他们总是觉得自己十分命苦。他们已经习惯了自寻烦恼，好像烦恼就是他形影不离的伙伴一样。显然，这是一种不良的习惯，但是他们却固执地不肯轻易放弃。对于这些为了烦恼而烦恼的人来说，他们应该试着从一开始就调整自己的想法，不要让生活的满足感完全依赖于那些微不足道的小事，不要让自己的心情完全取决于那些毫不相干的人。实际上，烦恼与否在于我们自己是否愿意烦恼，而解决烦恼最明智的方法就是，心平气和地面对它们，尽量把这些烦恼看轻，看淡。

如果我们真的遇到了什么麻烦或灾难，一定要勇敢地去面对。在困难面前坐下来一味哭泣，这一点作用都没有。因为无论你怎么哭泣，困难仍然摆在那里，而且丝毫没有得到解决。正如苏格兰有句谚语所说的那样，我们要勇敢地直面一切困难，我们要拥有一颗坚强的心。如果你拥有了克服困难的坚定信念，那么很快你就能感觉到，克服种种困难要比我们想象的容易得多。事实上，这种感觉就是我们积极面对困难的最好回报。

"如果你只是轻轻地拨弄那些有毒的荨麻，它们就会刺痛你的手指；

如果你像勇士一样紧紧地抓住它们，它们就会像丝绸一样柔软。"

综上所述,如果我们遇到了什么麻烦或烦恼,就一定要乐观地对待它们,勇敢地藐视它们,这样一来它们就会离你而去。反之,畏惧烦恼是一种愚蠢的行为,因为你越是畏惧烦恼,烦恼就会越有恃无恐,最终带给你更大的伤害。

第17章
寻求帮助不是耻辱

成功者之所以成功,是因为他们既有自我帮助的能力,又懂得充分利用他人的帮助。没有人能够完完全全独立于他人而存在,没有人富有得可以不要别人的帮助。没有他人的帮助,任何一个人都不会平白无故获得成功。

近年来，我们经常读到或者听说这样的事迹：有许多人只身闯荡商界，他们之所以能够成功，就在于他们总是能够帮助自己。对于一个想要成功的人来说，帮助自己绝对不是一件坏事。事实上，如果不具备自我帮助的能力，一个人不可能在商业中获得实质性的进展。但是我不得不提醒大家，虽然自我帮助是每个人获得成功必不可少的因素，但与此同时，我们还需要另一样东西——他人的帮助。尽管这一点很少有人提起，但是实际上，我们每一个人都会或多或少地从别人那里获得某种帮助。在我看来，如果没有了他人的帮助，我们人类就会成为一种可怜又可悲的生物。许多时候人们都认为，只要做到自给自足似乎就足够取得成功了，但是如果缺少了他人的帮助，他们必然会在通往成功的道路上趑趄不前。

事实上，我们所有的人都和其他人有着直接或者间接的关系，没有人是可以完完全全独立存在的。一位不乏智慧的公众人物曾经说过，如果我们听到一个人经常自我吹嘘，或者别人经常夸奖这个人，说他之所以成功完全是源于他自己的功劳，那么这个夸奖他的人不是在过分恭维，就是在盲目崇拜。从这些夸奖他人的人身上，我们不可能听到那些成功人士获得成功的真正过程，他们是怎样得到他人帮助的，他们得到了什么样的帮助等等。只有把他的成功与他人的帮助联系起来，让大家了解这个事实，才能够真正帮助其他的人。真正强大的成功人士不会夸夸其谈，吹嘘自己丝毫不需要他人的帮助，声称自己的成功与他人毫不相干。尽管这其中必然有他自己不懈的努力，但是若要他表示感谢的话，他一定会首先感谢那些在他生命的危急时刻帮助过他的人。如果不是这些人及时地伸出了援手，他既无法顺利完成自己的任务，也不会平白无故地获得成功。

就我的所见所闻，以及我所接触到的那些成功人士来看，他们之所以成功，正是因为他们既有自我帮助的能力，又懂得充分利用他人的帮助。如果少了这些，即使一个人的性格再好，也都很难取得成功。天性善良的成年人很少去帮助那些不像他那么幸运的同伴，因为经常会有人告诫他们，过分帮助自己的同伴只会适得其反。殊不知，对自己的同伴雪中送炭才是帮助他们转危为安的基础。对于那些诚实守信的商人来说，没有哪个成功人士会忘记曾经在危急关头助自己一臂之力的恩人。他人对自己的帮助极其重要，因此，再怎么高估这些帮助的价值都丝毫不会显得过分。帮助别人的方法有很多，我们不必担心自己不知道怎样给予别人帮助，或者应当给予谁帮助。如果你真心想要帮助别人，那么你就会轻而易举地发现这样的时机。对于这些人来说，他们在自己的生活中也一定接受过他人的帮助。俗话说得好，穷人只有在穷人的帮助下才能渡过难关。如果你能够无私地给予他人帮助,那么这些曾经受到你帮助的人一定会像你一样去帮助他人,这种行为也一定值得你感到自豪。

第 18 章

帮助他人不只是行善

世界上能为别人减轻负担的都不是庸庸碌碌之徒。从某种程度上讲，帮助他人是最有益的投资，没有任何过程会比帮助他人更有意义了。当然，单是说不行，要紧的是做。行善的真正意义不只是善心，更在于善行。

作为一名商人，如果不能够为那些急需创业的年轻人提供机会，那么无论他在商界有多大的影响力，他仍然不懂得善行的真正意义。实际上，每一个人都不乏善心，不乏帮助他人的愿望。然而，如果我们只是具备这样的善心，却没有具体的善行，那么这种善心就没有任何意义。不可否认的是，商业圈中的确存在一些居心叵测之徒，他们经常为了一己私利而任意改变事情的正常发展趋势。但是要知道，与此同时，我们周围还有很多善良的好心人。他们不仅有一颗仁爱之心，而且还将自己的善意付诸实践，不断地乐于助人，而他们的这些善意，也就变成了实实在在的帮助。众所周知，人们需要依靠自己的辛勤劳动来维持生计，因此，对于那些积极进取的年轻人来说，往往需要他人的善意来助自己一臂之力。俗话说"空言无益"。然而，不幸的是，有些人对他人连善良的意愿都没有，就更不用说给予他人实际的帮助了。

对于那些功成名就的商人来说，他们绝不应当失去任何一次帮助年轻人的机会。因为他们知道，只要这些年轻人兢兢业业、勤勤恳恳地工作，他们就有机会获得商业上的成功。有时候，给予他人金钱和物质上的帮助，这不见得就是帮助他们的最好手段，也许几句激励斗志的话语，或者一个振奋人心的举动，都比物质来得更加有用。此外，通过这些激励的话语和行为，你还可以判断出，这些年轻人当中哪个更有成功的天赋。对于一个善于体察的年轻人来说，仅仅是名人的一句鼓励之词或者亲身感言，就已经足够使他摘取成功的桂冠了。因为较之那些无心之人，这些话语更能够对他产生深刻的影响，从而促使他结合自身情况奋勇直前，开拓自己的新天新地。

如果你是一个声名赫赫的商人，那么我建议你，对年轻人不要吝惜称赞。这对你来说不过是毫不费力的举手之劳，但是"言者无心，听者有意"，你的一言一行可能会对他们所产生的影响，往往就不容忽视了。据我所知，我认识的一位年轻人之所以能够成功，就离不开他与一位名人在一次晚餐上的闲聊。这位德高望重的老者曾经听到过别人对他聪明才智的评价。正是这个评价，为他带来了一个所有年轻商人都想获得的重大机遇。在这次晚餐上，这位德高望重的长者说道，我们应该给这个年轻人一次机会，因为在另外一次宴会上，某某人曾经如何夸奖过他。转眼之间，这个年轻人的事业取得了重大的进展。如果有更多的长者愿意给年轻人提供商机，那么年轻一代的前程一定无可限量。然而，在日常生活中，多数人的善意只是口惠而实不至，没有落实到具体行动上。与此相反，有些人总是乐于助人，在他们眼里，帮助别人仿佛是一件十分快乐的事情。但令人遗憾的是，这些人实在是少之又少。不过也正因为如此，他们才更加值得人们给予褒扬。

俗话说:"希望迟迟不能实现,让人备感心烦意乱。"如果你曾经经历过这种心烦意乱的过程,那么你就不应当忘记自己为了成功而饱受折磨的痛苦,并且把这段经历看做一段无比珍贵的记忆。每当你回忆起这些痛苦时,你就会明白,世界上再也没有其他东西值得你心烦意乱了。即使是对于那些不乏物质财富和精神慰藉的人,这种痛苦仍然让人不胜其烦,更不用说对那些无依无靠、一文不名的穷人了。

在从商的早期,那些希望通过自身努力获得成功的人,时常会产生"英雄无用武之地"的感慨。当他们公务繁忙的时候,他们为此而乐此不疲;但是实际情况往往是,在他们刚刚开始工作的很长一段时间里,他们都不得不靠竞争来获得工作。对于那些急切需要得到工作的年轻人来说,他们经常会遭遇这种痛苦的经历:在历经职场的反复磨练后,终于找到了一份前途无量的工作,但是,由于管理者缺乏善意、不守承诺,最终只能与这份工作失之交臂。

因此,我衷心地希望,那些成功人士千万不要这样对待正处在创业期的年轻商人。如果你真的不想把某项工作交给这个年轻人,那么你就应当直截了当地走开。反之,如果你曾经向某个年轻人承诺要给予他一份工作,那么请一定完成自己的承诺,而不是漫不经心地敷衍了事:"某某算什么人哪?在我们这个圈子里,他不过是个微不足道的无名之辈而已。"如果你真心想要把这个年轻人推荐给另外一个富商巨贾，那就不应该对他作出如此评价。同样，你不仅不应当有意忘记或者忽略自己的承诺，也不应当对这些承诺草率地说，"哦，这是某某先生，也许他可以加入到我们的工作中来。"如果把这当做自己已经履行了承诺，那么你就大错特错了。

然而，在我们的日常生活中，上述情况却时有发生。在这里我不禁想说，这不仅是一种懦弱的做法，还是一种残酷的行径，因为懦弱与残忍总是相伴相生。如果你曾经对那些孜孜以求成功的年轻人作出承诺，那么你就一定要确保你能兑现承诺，给予他们一份像样的工作。反之，如果你不能够兑现自己的承诺，那么你所造成的道德上的负面影响，要远远比自己想像的更严重。无论如何你都应该记住：如果你忘记了自己的承诺，或者更为糟糕的是，虽然记得这个承诺，但是却没有付诸实施，那么，你将会给那个年轻人带来难以承受的痛苦。假使这个年轻人是一个心地善良、前途无量的人，我们一定不要对他这么做，因为正是你的一时疏忽，或许就会彻底葬送一个正在艰苦创业的年轻人，让他失去所有正直坦诚的信念。

对于这一点，我可以用前些天从一个成功的年轻人那儿听到的事情加以说明。在开始从商之后不久，他进入了一个不太景气的行业。有一天，他待在自己狭小的办公室里，心急如焚地思考着，将来自己可以从什么方向起步，怎样才能让自己的事业尽快起色。这时，一位他不太熟悉的客人前来拜访。让他感到吃惊的是，这位客人手头正好有很多适合他做的工作。接下来更让他惊讶的是,这个大名鼎鼎的商人竟然和他讨论起手头上那些重要的工作。他说他对我的朋友以前的工作十分满意,因此想要给他一个很好的工作机会。与此同时,这位客人还对我朋友进行了褒奖,因为他早就听说我的朋友办事能力很强。尽管这项工作相对比较复杂,而且涉及内容很广,但是这位客人居然表示第二天他会再次登门造访,与我的朋友一起探讨这项工作中的有关细节,以便让他尽快开展工作。经过深思熟虑之后,我的朋友认为这是一个让他大显身手的机会,便一口答应了下来。但是,我的朋友并不清楚,这位客人为什么会对自己如此感兴趣,于是就把这件事归结为——这位客人是一个乐于助人的好人,因此对他心存感激。第二天一早,我的朋友就来到了办公室,因为担心这位客人可能在其他时间前来拜访,所以我的朋友一整天都没有离开自己的办公室。谁知这个客人不但第二天、第三天、第四天,甚至从此以后,都再也没有出现过。我的朋友一直以为这位客人是一个正直诚实、遵守诺言的好人,但是最后,他不得不改变自己的想法。

  我的朋友告诉我说,现在只要回忆起当初漫长而又毫无希望的等待,他就会感到极其痛苦。正是当时落魄的经济情况使他下定决心,如果有一天,他有能力为他人提供工作机会(不过那时这对他来说似乎不太可能),他绝不会轻易向其他人作出这样的许诺。因为在他看来,想要履行这一承诺需要冒着极大的风险。反之,我们也可以据此推测，如果他决定要把某项工作交给别人，那么他一定会说到做到。

我的朋友告诉我说，当他获得巨大的成功之后，自己手头上有了很多的工作机会。但是，对于承诺他人一事，他始终都保持着极为谨慎的态度。打个比方来说，他知道对于一个能力出众、熟悉本行业的老手来说，某项工作可能要花几周、甚至几个月的时间才能完成，但是，对于一个刚刚入行的新手，他却会漫不经心地告诉后者，这个工作需要花上一周或几周的时间，并且告诉他，自己这样做"只是想看看他的工作能力"。我的朋友说，他之所以会这样做是因为，"我亲身感受过自己的希望无法实现的痛苦，以及这种失望所带来的伤害，所以我很清楚，对于工作那种得而复失的心情是怎样的感受。因此，我下定决心，尽量避免让那些年轻人重蹈覆辙，并且尽可能多为他们提供一些愉快的工作经历"。

这里我要再次强调，我们应当多给那些年轻人一些机会，鼓励他们在前途渺茫、令人失望的商海中重新找回自我。就像我的那位朋友一样，在他恢复了内心的平静之后，很快就摆脱了那位不速之客带给他的伤心绝望。不久之后，他就抓住了一次良机，也正是这次机会，为他带来了巨大的惊喜。他完全没有料到，这次机会给了他一份利润丰厚的工作。而他之所以能够获得这个工作，完全是因为他始终满怀憧憬、不懈努力的结果。如果你也能够像他一样，始终坚持不懈、信心满满，那么机遇一定会垂青于你。的确，就是在你经过千辛万苦之后的这次良机,让你最终获得了成功。正如英国诗人斯宾塞在《仙后》中所说的那样,"只有那些高山仰止的人才懂得给予他人机会",只有那些历经种种磨难成长起来的人,才能够真正为他人着想,并且仅凭自己的力量获得成功。

第19章 敏锐善察

从某种程度上说,一个机智的头脑能够极大地弥补商人能力有限、经验不足的缺陷。同样,如果你不仅能力非凡,而且敏锐善察,懂得去了解你的商业合作伙伴,做到收放自如,知己知彼,那么你就一定能够在商界叱咤风云、无往不胜。

从商业意义上讲，所谓"敏锐善察"，就是指要了解和自己一起从商的人或者在经商过程中所接触到的那些人的性格，弄清他们的特点和个性。在商场上，只有做到知己知彼，才能百战百胜，才能在正确的时间，用正确的方式，说出正确的话。

如果需要用一句最为精准、最通俗易懂的话来阐释什么是"机智"，我们可以打这样一个比方，对待他人要像对待一只猫一样，你必须顺着它的毛梳理，它才会感到愉悦舒适；反之，如果你反着梳理它的毛，那只会起到相反的效果，不仅徒劳无益，反而可能会激怒它。

一个头脑机智的人绝不会随随便便歧视他人，也绝不会粗鲁地对待他人的兴趣爱好。与此相反，他们不仅会正确对待他人的嗜好，不随意干涉他人的个人隐私，而且还会选择令人舒适愉悦的方式与他人相处。头脑机智的人一般都具有敏锐的洞察力，他们可以迅速了解一个人的性格与嗜好，并且立即找出他的优点和弱点。只有做到敏锐善察，迅速掌握与其相处的秘籍所在，你才能够成功地与他人友好往来；反之，你不仅会遭遇失败，甚至会引起他人的偏见和反感。

但是，我们所说的敏锐善察，并不是说要对别人阿谀奉承或者虚伪逢迎。察言观色不仅不会有损你的自尊，也不会伤及他人的尊严，因此我们要善于培养自己敏锐善察的能力。例如，一个没有受过什么教育的人，在某些方面可能无法与一个受过高等教育的人相比，但是他完全能够凭借自己机智的头脑在工作上更胜一筹。有些人天生就敏锐善察，而另一些人必须通过后天的努力才能做到。就像一个商人应当具备的其他素质一样，机敏的头脑完全可以通过后天培养而获得。不过对于有些人来说，他们不会随着时间的推移而变得更加机智，就更不要说去培养这种品质了。然而，事实很快就能证明，如果一个商人忽视对自己敏锐头脑的培养，那么他的商业利益可能就会因此蒙受巨大的损失。从某种程度上说，一个机智的头脑能够极大弥补商人能力有限、经验不足的缺陷。同样，如果你不仅能力不俗，而且头脑机智，那么你一定能够在商界无往不胜、叱咤风云。

对于一个商人来说，那些事关自己商场成败的计划应当予以保密。在与自己的合作者就商业计划进行磋商之后，一定要保证这些商业伙伴能够像你一样保守秘密，不向其他任何人泄露你们的计划内容。如果有人就你们之间的合作进行采访，那么你应当选择一些采访者熟悉的东西告诉记者。如果你没有把握，最好让你的合作伙伴来接受采访。如果你的合作伙伴是一个老成持重的商人，那么他就会知道什么该讲什么不该讲。没有商人喜欢在公众场合讨论生意上的事情。如果一个年轻人在接受采访的时候总是信口开河、不着边际，那么以后他就算能够遇到商机，也不会有什么出色的表现。有些人总是在时机还没有成熟的情况下,就向记者大谈特谈自己将要接手的生意,这种做法极不明智。其实很多时候,正是因为这样的原因,一笔生意往往在还没有敲定的时候就功亏一篑。一个头脑机智的商人,一定会尽量避免在公众场合谈论生意上的事情,因为他们很清楚,这些内容属于商业机密,不可轻易向外界透露。一般情况下,那些最终能够功成名就的商界人士,往往从年轻的时候就开始注意保守自己的商业秘密了。

第20章 如果不能改造环境,就去适应它

一切与环境的冲突,都是由于固守旧有的东西,不肯去改变自己。而真正拥有不变资格的,只有环境本身。你不拥有这种权力,就只有去适应它。一味地对其抱怨或与之对抗,最终只能得不偿失。当你改变自己,找寻通路与之适应时,才有可能发现新的生机。

一个人是否感觉舒适，在很大程度上取决于自己适应生活的方式。不可否认的是，在日常生活中，许多人无论对待什么事都采取同一种态度。不管是在他们的出生地，还是他们第一次工作的岗位，一切都一成不变。尽管时移事易，外部环境不断变迁，人情世故有所变化，他们仍然采取同样的方式来对待周围的所有事物，一如既往地对待日新月异的变化。

当今社会是一个相互联系的有机体，因此这种人实际上少之又少。无论是各种不同的商业设施，还是风格迥异的交易方式，这些看似毫无联系的事物，其实无一不息息相关。当社会环境不断变迁时，人们的生活方式自然而然也会随之发生改变。

即使是那些总是希望一成不变的人们，随着时间的发展，他们不可避免地也在发生着这样那样的改变。然而不幸的是，有些人适应环境的能力相对较差，他们宁愿墨守成规，也不愿意去主动适应新的环境。因此，这些人要想有所改变，可能需要相当长的一段时间。

但是对于那些头脑机智的人们来说，无论现在的情形与过去如何大相径庭，他们总是能够想方设法去应对新的情形，而且还能迅速找到一种有利于自己的生存方式，让自己可以更高效地完成工作。当然，还有一些人的所作所为与他们截然相反，这些人不仅对这种做法吹毛求疵、嗤之以鼻，而且还认为这是一种随波逐流、缺乏定力的表现，因此在他们眼里，这种改变完全不值得人们大加赞扬。

对于环境的变化，这两类人的处理方式完全相反，因此其结果也必然不同。前者无论是在心理上还是身体上都感到舒适愉悦，而后者却处处碰壁、诸事不顺。究其根本，我们会发现，问题的关键就在于他们对环境的适应能力不同。由此可见，无论是在瞬息万变的商场上，还是在日新月异的生活中，我们都应当努力培养自己适应周围环境的能力。对于这一点，有些人似乎驾轻就熟，很快就能适应新的环境；而对于其他一些人来说，这种能力就相对差一些，也就难免处处受挫。所以，无论是谁，都应该对这种现象加以重视，认真培养自己适应环境的能力。如果环境无法改变，那就学着去适应它，最大程度地减少它的不利性，降低对自己造成的不良影响。

第27章 专心致志

无论是商业领域还是个人生活,专心致志地做每件事才可能实现目标,赢得成功。专心,即心有定力者,定能产生大智慧。做事专心投入者,才能有所突破。

所谓专心致志，就是指一个人能够排除外界的一切干扰，一心一意地从事自己的工作。对于一个商人来说，能够做到这一点十分重要。诚然，并不是所有人都具备这种能力，但是，一旦你具备了这种优良品质，你就会变得更加坚强，即使面前的道路横亘着再大的困难和挫折，你都能够从容应对。

对于那些能够专心致志对待工作的人们来说，即使是身边频繁出现容易令他们分心的事情，他们也能轻而易举地将注意力转移开来，避免自己分散精力。举个例子来说，我曾经认识一个人，他经常出入候车室，一边与络绎不绝的乘客彼此寒暄，一边还能坐下来进行深奥复杂的计算，或者用铅笔草拟文采斐然的报告。正当我的这位朋友心无旁骛、一心一意地忙着手头上的工作时，一位"绅士"轻手轻脚地走了过来，想要顺手牵羊拿走他的提包和其他财物，但是，后来这位"绅士"发现自己犯了个错误，并因而导致自己身陷困境。因为我的这位朋友不仅能够做到排除杂念、专心致志地做自己的工作，同时还十分敏锐善察，注意身边的一举一动。然而在实际生活中，能够同时具备这两种天赋的人并不多见。

作为一名商界人士，做事专心致志不仅是一种极为可贵的品质，还是一种进行自我教育的训练方式。一个人若想获得成功，没有什么捷径可走，因为这条成功之路不仅布满荆棘，困难重重，有时候还会十分痛苦，他所能够依靠的，只有自己的不懈努力。为了帮助年轻人实现自己的梦想，在这里我唯一想要说的就是，无论你从事何种工作，倘若你在做事时左顾右盼、三心二意，这必然会浪费许多精力，影响自己的工作效率；反之，如果你能坚持保持专心致志的工作作风，就不会受到外界干扰，这不仅能为你节约时间，而且还能让你的工作变得事半功倍。由此可见，专心致志这一品质至关重要。

第22章
谨言慎行

无知者总以为他所知道的事情很重要,并以此为豪,见人就讲。而一个明智的成功者从不轻易吐露他所掌握的秘密。当然,他可以讲很多东西,但他知道还有许多东西不讲为妙。坦诚固然可贵,但必须得"坦"之有度。

坦诚是年轻人最吸引人的品质。的确，在年轻人身上，这种纯洁可贵的品质展示得最为充分。我们经常可以看到这样的情况，一个曾经坦诚待人的商人，在经历过一些令人失望的事或者遭遇一些损失以后，他很容易就会抛弃这种最为可贵、最为美好的品质。当他再次谈到有关自己或者他人尊严的事情时，他的言语就会变得更加谨慎和保守，虽说他仍然称得上诚实可靠，但是率真坦诚的品质已经从他身上消失不见了。不过，即便如此，我们仍然可以发现，这种老于世故的做法只是他在日常商业活动中所体现出来的一些表象，只是附着在他身体外部的某种东西，还没有进入他的心灵深处，也没有污染他的灵魂。

尽管年轻人身上存在的坦率令人感到高兴，但是就这一点而言，为了能够真正对他们有所裨益，我必须要指出，在事关他人的时候，你的言谈举止应当有所节制，而不是喋喋不休，更不应随随便便向与此事无关的人透露。无论你对此有多么浓厚的兴趣，无论此时此刻你多么想要畅所欲言，只要你能够做到三缄其口，那么你就会发现，在这种情况下保持沉默，往往比口若悬河更为妥当。所有从商的年轻人都应该像苏格兰歌曲里的侍女一样，注意保守秘密，而这个秘密对他们来说是神圣不可侵犯的,并且"绝对不会告诉任何人"。

在这种情况下,我们之所以要表现得沉默寡言,不仅是出于我们的自尊,更是出于对合作伙伴的尊重。作为业界的一条规则,无论是商业安排还是商业合同,通通都属于私人所有,因此,只有合同双方才有权了解其中的所有细节。

如果一个商人曾经遭遇过某些坎坷,那么他就很容易在这一原则上对自己有所放松,甚至认为他有权力把自己所知道的商业秘密告诉任何人。不过,与他有生意往来的公司显然并不这么认为。如果他们之间的生意往来刚刚开展起来,那么这家公司很快就会了解到这个人此前的不妥行径,那么我们几乎可以肯定,他们之间的合作关系就会随之告吹。对于那些年轻而又缺乏经验的商人来说,他们在一开始或许会认为,这种结果与泄露商业机密无关,但是他们很快就会明白这一点。我们并不希望看到,他们在付出惨痛的代价后才能懂得这个道理。因为对于他们,所有与其有生意往来的公司或者个人都有可能会问:"这是我第一次与这个年轻人做生意,他真的能够保守我们的商业机密吗?关于这些机密的内容与细节,他是否能够做到对任何第三者都只字不提?要知道,这些可是我们打败竞争对手最为关键的商业政策。"

但是在事关自己的时候,他们自然而然地希望,与自己有商业往来的公司能够对合作的所有内容、所有细节、所有问题都严格予以保密。虽然他们知道,有些微不足道的细枝末节无关大局，即使透露出来也不会对自己的生意造成什么影响，但是他们同样也很清楚，这些内容不是不可以对外界透露，而是不应当对外界透露。

从这一点上我们就可以看出，他们的做法有多么精明审慎、老于世故。如果那些与自己有生意往来的年轻人喜欢四处宣扬他们之间的合作内容，哪怕是随便透露了一些微不足道的细枝末节，他们也会毫不犹豫地认为，这个人在事关机密时一定管不住自己的嘴，因此这个人也绝对不值得信任。在他们看来，一个在小事上都难以保守秘密的人，在大事上同样也难以保持沉默，因此，即使他们之间已经有了某种业务联系，但是对于这种背信弃义的人来说，将来也不会给他们第二次的合作机会。

很多商人都因为自己曾经没能信守承诺而感到十分懊悔。对于一个老成持重的商人来说，是否能够做到保守秘密，这对于事业上的成败至关重要。正如一句古老的拉丁谚语："智者寡言。"无论是在当时还是在现在，那些精明审慎的商人都对这句古谚深信不疑。如果遇到有关自身的问题，那么这句老话更是至理名言。尽管有些人在谈起自己的事情时总是长篇大论、夸夸其谈，并且乐此不疲，但是他们的听众早已感到十分厌倦，因为他们从来都不会注意到，对于那些明智的人来说，要耐心倾听自己的长篇大论有多么痛苦。

一个人如果总是对自己的事情夸夸其谈，他就应当及时地意识到自己有这个毛病，认真考虑改正这种不良习惯，否则没有人会再轻信他所说的话。如果有一位长者提起，某某先生刚刚做了一大笔生意，这笔生意的利润十分可观，具体数字是多少多少。接着，人们便会问起他："谁告诉你的？"这位长者回答："噢，肯定是真的，因为是某某自己说的。"听到这件事情出自上述那种夸夸其谈者之口，人们便会立即毫不犹豫地说："他的话一个字都不要相信，即使有一天他吉星高照，我也不相信他能够成功，而且根本就不会有这一天。他总是这样夸夸其谈，简直愚不可及，所以不要相信他的话。"

真正功成名就、事业有成的人不会去自我吹嘘，但是上述这种人，他们之所以要自吹自擂，是因为他们一无所成，却想要他人相信自己生意兴隆。因此，这种人的夸夸其谈之词根本不值得人们信任。虽然对于年轻人来说，直言不讳、率真坦诚不失为一种优良品质，但是如果一个人总是一味吹嘘自己有多么聪明、多么成功，他的这种做法其实并不受人欣赏。

不管你是夸夸其谈还是沉默寡言，真相永远都是真相，你要明白，在有些场合口无遮拦只是一种极不明智的做法。其实一个人三缄其口，并不等于就是在否认或者抹杀某个真相。对于年轻人来说，他们完全可以保持自己真诚坦率的品质，但是，在某些事关自己的话题上，一定要谨言慎行。

第 23 章 心理要平衡

优秀的行动者必然长于细致的思考。在作出重要决策的关头,他们会不断地收集事实进行分析,而在分析权衡的过程中,又会尽力摒除自身的偏见,以增强决策的客观性和准确性。在从商之路上,唯有仔细权衡,才能做出最优决策。

说到"平衡"这个词,那些商界人士就会立刻联想起"记账本"、"清查账目存货"或者诸如此类的事情。诚然,上面提到的这两件事的确是做生意时最重要、最基本的两个部分,也是大家都非常熟悉的,因此在这里不再赘述。对于一个诚实守信的商人来说,他应该知道自己究竟赚了多少钱,清楚自己应该付给工人、商业伙伴和其他人多少钱。只有对自己的经济状况了如指掌,这样才不会因为周转资金告罄而使生意受挫。

不过,我们现在所要说的"平衡",却是另一个完全不同但又极其重要的概念。虽然它们的意义不同,但是从内涵上来看,这两种平衡都是建立在一个相同的原理之上,即建立在"权衡利害得失"的基础之上。在这种平衡里,当两个作用力相互对立时,它们就会对事物发展的最终结果产生影响。因此,当我们说一个人进行"心理平衡"时,就意味着他正在权衡两种或者两种以上反作用力所造成的影响。首先,他需要谨慎地估计每一个作用力的力度、程度、广度和持久度。然后,他会找出一对相反的作用力,在当前情况下用自己的头脑去平衡它们之间的影响。这样一来,可能对某件事情造成不良影响的那一面,就可以向好的方向转化,从而使得总体结果变得更加完满。这就是人们在进行"心理平衡"时的过程，而这种思维能力也应当是每一个积极向上的年轻人所拥有的。

对于一个具有远大抱负的商人来说，这种平衡能力是取得成功必不可少的因素。但是，正如其他的可贵品质一样，我们只有通过自己的努力才能够得到它。同样，在一个人的商海经历中，这个过程往往是必不可少的，有时候甚至非常痛苦。对于一个年轻的商人来说，尽管这种精神上的平衡不像上文所说商业上的"收支平衡"那样应用广泛，但是如果他能够经常注意培养自己的这种品质，那么他的生意一定会因此受益良多。然而，这种品质需要天长日久地不断培养，因此，在这个过程当中，难免有很多人因为一时受挫而浅尝辄止。

一个始终重视"心理平衡"的人，一定也会在自己的商业生涯中把它落到实处。但是，基于每个人的生活都有不同的周期和阶段，所以我们必须弄清楚，自己现在所走的道路是否适合。那些有可能对我们产生诱惑的种种考验，往往会以捉摸不定的方式不期而至。在这样的情况下，我们的思维和精神就会受到外部环境的影响，并且在一段时期内反复摇摆。也许其中的某种影响会对我们产生很大的冲击，使得我们不得不集中自己的所有注意力和精力，才能够勉强抵御它的诱惑，从而克服并且战胜它。需要指出的是，有些人可能会在尚未克服这种诱惑之前就匆匆进入商界，那么，这就会对他的商业道德产生极为不利的影响。

在面临这样的考验与诱惑时，年轻商人一定要感谢自己从小受过的宗教与道德方面的教育。如果他曾经接受过这些教育，那么他一定会经常感谢上帝，感谢自己的父母从小就对自己呵护备至。不管是从我个人的生活经历，还是从广交挚友那里，我完全确信，这样成长起来的商人，一定可以不止一次地战胜那些由于对他们道德、诚信的考验而产生的痛苦。要想在这种长期的痛苦挣扎中保持正确的方向，不被诱惑力引入歧途，我们必须要求他们有极佳的自我保持能力，而且这种能力越高越好。

　　对一个在生意和工作上受到考验的人来说，我们指引他走上正确的方向，这种指导越准确、越清晰明了，也就越好。但是我需要指出的是，那些最好的指导都可以从《圣经》中获得。如果我们能坚持学习它，并忠实地按照指导去做，那么我们就绝不会走错路。至于那些披着希望和激励的外衣，实际上是引诱年轻人走上错误道路的诱惑力，我们都将克服和战胜它们。上帝用朴实无华的语言对我们进行指引，以至于我们不会误解其中的真意。只要我们相信上帝，我们的精神境界就可以达到像上帝一样的安详平静。如果我们达到了这种境界，我们还需要其他的什么东西吗？还有什么东西能比"均衡的头脑"更能让我们达到这种境界呢？

第24章
道德沦丧是人生坏账

当更多的行动缺乏道德约束时,也将伤害到更多对象,而且这种短视近利的手段将摧毁一个人的成功之路。也就是说,当你想成为成功的商人时,就必须更谨慎地接受道德约束,这样才能具备高尚的人格魅力——这是成功者不得缺失的重要素质。

我们可以说,"败坏"一词与每一个普通的商业过程息息相关。在一定的交易周期内,我们经常需要对某个设备或者储存品的损耗进行评估,而这些损耗一般来自于某种程度的磨损,例如对厂房和机械设备的维修,以及为了降低价格而对商品进行展览所造成的损耗。这些损耗在经商过程中几乎随处可见。单纯从商业的观点来看,我们不仅应当了解损耗的存在,更应当懂得处理损耗的方法,这两点同样重要。但是,至于处理损耗,除了要应对人力难以控制的因素以外,还包括其他许多复杂的技术细节。

在这一章里,我们所说的"败坏"不仅是指商业损耗,而且涉及我们生活的方方面面。我们应该清楚意识到,这种"败坏"多多少少都会给我们带来一些影响,在潜移默化中对我们造成巨大的危害。正如有句谚语所说的那样,"千里之堤,溃于蚁穴"。

实际上,这里我们所说的"败坏",与这句古谚的意思如出一辙。只要我们加以留意,就会发现一个令人痛苦的真相——这种"败坏"无时无刻都围绕在我们身边。如果我们能够做到凡事无愧于心、坦诚相待,那么我们就能够不受其影响。举个例子来说,在受到外力的作用时,一个质量较重的静止物体不会立即开始运动,因为无论是静止的还是运动的物体，都同样存在一种惯性。因此，为了克服自身惯性的影响，这个物体在开始运动时的速度相对缓慢。只有在作用力持续了一段时间以后，物体才能高速地运动。

从物质世界的这一真理当中，我们完全可以学到有用的一课。一个人不会在从商伊始就违反诚信，更不会立即在道德和法律上犯错误。然而，当外界产生压力以后，比如受到来自妻子的影响时，这个人就有可能开始犯罪。同样的道理，尽管这种犯罪行为对他产生了诱惑，但是他不会马上犯下大错，也不会立即去坑害自己的商业合伙人，因为他必须首先克服某种惯性，也就是自己善良的天性以及曾经受过的良好家庭教育。在一开始的时候，人们通往错误路径的行为往往是缓慢的，一般仅限于诸如私吞公款、以次充好以及其他"贸易把戏"之类的小打小闹。

同样的道理，我们也可以从科学中学到另外一课。我们知道，物体可以在外力作用下开始运动，并且获得一定的"加速度"，只要作用在它上面的力一直存在，物体运动的速度就会逐渐增加。不熟悉加速运动的人可能会得出这样一个错误结论，即要想保持加速运动，使物体运动的外力也必须一直增加。但实际上，驱动力还是原来的作用力，而且一直都不会改变。根据物理定律，物体会在这一外力的作用下在一定时间内一直保持运动，除非保持物体各部分成为一体的内聚力突然瓦解，或者遇到了一个质量较大的物体，这种运动才会中断。

用通俗的语言来说，只有在遇到其他物体"撞击"的时候，它才会结束现在这种运动状态。

和上面描述的情况一样，商业道德也是如此。在某种诱惑的驱使下，道德沦丧的行为在一开始总是非常缓慢的。所以在通常情况下，对于一个正在堕落的人来说，他根本不会感觉到自己在朝着不好的方向前进，因为他的所有行为都是在平稳、平静、舒适的情况下发生的。但是，随着时间的推移，这种诱惑的驱动力仍然不断产生作用，因此他堕落的速度也一直在增大，而且是以一种越来越可怕的速度变得道德沦丧。到了最后，这个速度会变得越来越不可理喻，甚至难以控制。他会打破自己曾经美好的生活时光，突破一个又一个障碍——自己曾经受到过的良好教育与早期的训练，并且疯狂地走到自身行为的终点，最终除了困惑以外一无所获，只能面对自己支离破碎的生活。

缺乏诚实和道德的生活必将以毁灭而结束，这种例子屡见不鲜。即使有些人偶然逃过公正的惩罚，但他的内心也会产生深重的罪恶感。生活常识和人类本性会以一种强大而痛苦的方式告诉他，尽管他获得了所谓的成功，但他却为此付出了惨痛的代价。他的社会经历可以证明，"道德沦丧者的道路一定是曲折的"，这句话就像其他箴言一样富于哲理。我相信，如果让那些罪犯讲一讲他们的感受，他们同样也会这么说。没有人比道德沦丧者更加清楚这条道路是如何遍地荆棘。大多数人都会虔诚地祷告，祈祷自己不要陷入到这些诱惑当中。但是，如果我们故意让自己身陷诱惑，或者自甘堕落，那么这种祈祷就是一种可耻的行为。

有许多这样的不幸之徒，在为他们失去的生活和毁掉的前程而痛苦呻吟。在过去的生活中，他们很少向上帝祈祷，但是现在，他们却转而寻求上帝的帮助。如果他们能够在自己开始堕落的第一步，或者导致自己生活破坏的"源头"时就开始这样做，那该有多好啊。一个人如果踏上了道德沦丧的道路，那么他只有在一开始就阻止自己的堕落行为，才能够及时回到正途上。如果在最初的时候就进行自我反省，那么很可能只需要很小的力量，就可以抵御外部的诱惑，从而回归正途。反之，如果等到自己堕落的速度过大、诱惑太多时才开始悔过自新，那么这时，尽管他渴望自己能够就此罢手，也很难控制自己，并且还会继续横冲直撞，最终到达自己命运的终点。一个人堕落起来很容易，远离堕落同样也并不困难。如果这个人有着强大的抗拒诱惑的能力，那么不管他是否曾经虔诚地向上帝祈祷，他都会自觉抵御来自外界的诱惑。

第25章
不要歪曲真相

如果你认为做某些事对自己有利,请再想清楚,最好少玩些花招,少弄虚作假,否则你终将因此而将自己套牢,直至无法自拔。正直诚实些,把聪明智慧用在正当之处,只有踏踏实实做事,才能真真正正成功。

在商业活动中，你经常会发现，那些难以相处的人们总是不太容易合作。如果你的合伙人总是在谈生意的时候言语闪烁，说起工作细节来含糊其辞，那么对你来说，他就是一个危险的人物。一个模棱两可的人很可能会扭曲事实、歪曲真相，甚至不惜编造谎言，企图让事情朝着有利于自己的方向转变，这样的人从本质上来说就是一个骗子。

英国著名诗人坦尼森曾经说过，一个表里不一的人在需要撒谎的时候会毫不犹豫地说谎，并且对此毫无羞耻之心，至于这种人，我们既不需要去谴责，更不应该去害怕。坦尼森说的一点儿都没错，而且完全正确。对于那些习惯逃避真相的胆小鬼来说，说谎是一种勇敢的行为，而一旦他成了说谎者，就会感觉自己成了一名英雄。的确，那些口是心非的人每天都要冒着很大的风险，因为自己的欺骗行为一不小心就可能会被别人发现。从某种意义上说，他们甘心冒着如此巨大的风险而继续阳奉阴违，不能不说他们胆大妄为。他们的生活中处处都充斥着谎言与欺骗，而他们自己每一天都在不断陷入更为复杂、糟糕的情形中。可以想见，因为担心自己的伎俩被别人揭穿，他们整日都提心吊胆、担惊受怕，为了掩盖之前的谎言，不得不煞费苦心地采取一系列新的欺骗行径,才能让自己转危为安。

但是,从我与这类人相处的经验来看,实际情况却并非如此。他们似乎"天生"就是这样,已经习惯了用这种行为方式来生活。在他们的头脑中,虚伪的概念似乎与生俱来,他们并不认为自己的欺骗行为有何不妥,他们现在不想,将来也不打算改正这种行为。这种人对自欺欺人的行径乐此不疲,而对正直诚实的生活不屑一顾。我们经常能够看到这样的现象,如果某种诚实可靠的方法和阴险狡诈的方法同时能够实现自己的个人目的,那么人们往往会抛弃前者而采用后者。日久天长,他们会渐渐开始相信自己编织的幻境,对自己苦心捏造的谎言毫不怀疑,最终沦陷于这种自欺的骗局中不得自拔。

对于那些两面三刀的人来说,唯一足以让他们感到为难的事情,就是实话实说、直言不讳。很显然,他们并不懂得这些真理,而他们的整个人生都将与正确的道路背道而驰,最终在迷途曲径上四处徘徊、踌躇不前。对于他们周围的人来说,与这些人相处的最好方法就是,尽量不要和他们进行接触。如果非要结识他们,那么你必然会为此付出一定的代价,而且还会给自己带来相当的痛苦。即便如此,你也不一定会有什么收获。对于这些说谎者来说,虽然他们不懂得正直言行的真理,也不具备真挚可靠的品性,但是他们却清楚地知道,要想让别人看得起自己,就必须要付出一定代价。你会发现,再也没有其他人会像这些表里不一、口是心非的人那样，每时每刻都刻意彰显自己诚信的品质，处处强调自己对真理的热爱，愤恨地表达自己对欺骗的厌恶。他们不厌其烦地在人前表演种种虚伪的假象，但这顶多也只能蒙蔽少数的无知者，明智的人很清楚，只有这些人才会整天对自己的好处夸夸其谈。对此，莎士比亚也表达过同样的看法："在我看来，那个女人在表白自己的时候过于夸张了。"

千万不要产生这样的想法：为了自己的"商业利益"，你可以聘用这类人物。难道一个清理沥青的人不会反过来把自己弄脏吗？

第26章 时常保持好奇心

在现代商业领域,走在别人前面的往往是那些喜欢寻根究底、好奇心极强的人。好奇心会激发一个人所有的热情和执著,而愚蠢之人不具备好奇心。成功是一个旅程,而不是终结。你应该不断前进,武装自己,寻找新的机会与挑战。记住,好奇心是开启成功的第一把钥匙。

人们常说:"培养好奇心就是要在最大的范围内使其得到满足。"但是,我却想要给这句名言补上一句话:"我们要像避开害虫一样避免对其他事物的好奇。"从表面上看,这两句话似乎有点自相矛盾,但是,只要你明白这两句话讲的是两种不同类型的好奇心之后,你就会茅塞顿开,觉得这两句话实际上是相辅相成的。这里所说的两类好奇心,一类是合情合理的、正确的好奇心,而另一类是不应有的、错误的好奇心。

满足错误的好奇心会导致精神上的不满和烦恼,而满足正确的好奇心则会产生精神上的满足感和愉悦感。

错误的好奇心包括关注他人的事情,而这些事情本来是我们不该去打听的。怀着错误好奇心的人总是喜欢关注自己邻居的过失和愚蠢行为,关注身边人违反道德、违反法律的事情,或者诸如此类的流言飞语等等。简而言之,一方面我们的良知告诉我们,不要过分关注与自己无关的事情,因为这些事情我们没有权利干涉,也不应该干涉,但从另一方面来讲,错误的好奇心又会驱使我们过分关注这些事情。实际上,这些事情正是他们不想让其他人知道或者处理的事情。

与此相反,正确的好奇心只关注人们应该知道的事情,这些事情也就是良知告诉我们的,所有主观上和客观上能够做的事情，以及一切能够帮助他人或者自己获得幸福的事情。

那些总是怀有错误好奇心的人们，往往会长期处在一种精神失调的状况当中，因为他们所好奇的本就是毫无实质意义的事情，因此他们追求的对象也都是那些难以捕捉的幻象。即使在某些情况下，从表面上看他们似乎已经得到了自己想要的东西，但是最终他们却无可避免地感到强烈的不安，因为他们从中得到的所有，不过只是一场空而已。正如经典寓言中坦塔罗斯的故事一样，他们永远解决不了口渴的问题。尽管水源就在他们力所能及的范围之内，但是因为受到表面现象的迷惑，他们始终都得不到水喝。那些从来都不知满足的人，以及那些怒形于色的人，总是会对他人怒气冲冲，对生活抱怨不已，同样，别人也会反过来对他们十分不满，生活也会对他们的抱怨作出回应——让他们陷入更让人沮丧的境地。

一个人如果听任自己发展错误的好奇心，那么他的做法就违背了基督教的基本教义。基督教教导我们，要像别人对待我们那样去帮助别人，而那些怀有错误好奇心的人们，他们的所作所为却恰恰与此相反。

如果你能够培养自己合情合理的好奇心，那么从品行上来讲，这种行为不仅不会对他人造成任何伤害，而且你自己也会因此受益良多。对此我们不再进行过多的说明，因为这种做法的好处随处可见。单就这一点，在本书的其他各章里我们也或多或少地有所论及。

第27章 勇者无敌

成功者在商界中的脱颖而出在于他们的"勇敢",也就是面对任何诱惑力量或不良势力时,敢于坚定不移地坚持走正确的道路。假如人人都一遇到诱惑就缴械投降,那么所有人都在与平庸和失败为伍,永远不会有所成就。

一个人的胆量可以分为很多种。有些源于困境之中无私无畏的奉献和牺牲，它们荡气回肠，往往让我们心向往之；有些却是自负武断的匹夫之勇，只能令人深感痛惜。同样是无所畏惧的行为，力排众议、坚持反对贩卖黑人的利文斯顿，艰辛跋涉传播真理的传教士，这些人会让我们赞不绝口，但是，拳击手泰森的蛮横和残忍，却只能让人感到愤慨和鄙夷。作为年轻人，你们需要学习的勇气和胆量，绝非是逞一时的血气之勇，而是那种无所畏惧的顽强斗志。那么，顽强和武断、勇敢和粗鲁之间的界线是什么呢？我们不难发现其间的区别，利文斯顿以及其他与之相似的人之所以伟大，是因为他们的勇敢源于正直无私的追求，源于纯洁高尚的信念，正是出于为理想牺牲的精神，他们才能够具有坚定的决心和顽强的意志，才能在布满荆棘的道路上无所畏惧、勇往直前。也就是说，他们的勇气、信心和胆识都来自于他们的"精神力量"。

身体在行动时迸发出的爆发力，以及遭受痛苦时展现出的忍耐力，这两者并不等同于精神力量。相反，这种力量与精神力量常常呈现出彼此对立的关系。比如说，在一场艰苦卓绝的战斗中，有人能够毫不犹豫地挺身而出，在枪林弹雨中突出重围，或者冒死执行艰难而危险的任务。他们很清楚，假如冲杀在战斗的第一线，他们很可能会为此付出生命的代价。然而，这个时候的他们是无所畏惧的，有些人在得知自己并没有被选去执行突击任务时，反而会由衷地感到失落和沮丧。但是，我们却也看到另一番景象，正是这群敢于抛头颅洒热血的勇士，在战争结束的和平时期，却没有勇气断然拒绝丑恶的行为。即使他们深知自己的行为违背道德，即使他们明白自己将要面临良心的拷问，他们也依旧无力反抗，任由自己随波逐流，屈服于懦弱的威胁下。由此可见，即使是那些在行动上异常果敢的勇士，也常常会由于意志薄弱而缺乏拒绝诱惑和反抗邪恶的勇气。

由此可见，从某种程度上来讲，精神上的力量要比生理上的忍耐力更高一筹。既然明白了这一点，那么人们就应该从公正、正直、无私和善意的角度出发，作出比牺牲生命更为有益的选择。因此，一个人如果能够抵御诱惑、抗击不正之风，这才应该是真正的勇气。然而事实却并非如此，许多人能够承受生理上的极度痛苦，甚至敢于抛却生命，但却仍然会因为无法抵御诱惑，或者出于简单的从众心理，从而无法让自己的良知发挥力量，最终屈服于恶魔的召唤之下。

牺牲生命和抵御诱惑比起来，前者的分量显然要沉重许多。当一个士兵在战场上毫不犹豫地拿起炸药包，准备舍身炸毁碉堡时，他对于死亡已经毫无畏惧。因为他很清楚，即使侥幸存活，自己也将要在战地医院里度过痛苦难熬的日日夜夜，忍受难以想象的生理痛楚。但是，这些后果并不足以让他心生畏惧，他仍然能够为了胜利和希望而奋不顾身。可是，如果有人试图通过花言巧语引诱他做出不义之举，或者因为他犹豫不前而对他冷嘲热讽、恶言相向，他却因为无法忍受流言飞语而败下阵来。我们不禁要问，为什么人们能够在紧要关头连生命都不顾，却无法在和平环境中抵御一时的诱惑呢？这的确是人性最为复杂的问题之一，惟其复杂，我们才很难找到合理的解释和正确的对策。

年轻的朋友们，假如你的身边有一些心怀叵测的人，他们不断地怂恿你去做一些错误的事情，而你所受过的良好教育以及你内心的美德都在告诉自己，说你绝不能轻易就范。在这种情况下，你往往就会陷入两难之中：一方面你并不能果断地拒绝外界诱惑，另一方面你的良知又在不断地反问你、警告你。那么这时候，你就一定要提醒自己：只有做错事才会令人后悔或内疚，而现在我正准备作出正确抉择，这又有什么值得羞愧和遗憾的呢？至于那些想让我低头就范的人，他们又是什么人？他们有什么资格指使我，教导我应该做什么、不应该做什么？无论从哪个角度来看，这些人都是思想卑劣、内心自卑的人。你们要知道，这些多行不义的人之所以希望你去做坏事，是因为他们希望有人比自己更加卑微，这样一来他们才能感到一些安慰。那么，在明白了这个道理之后，你们还有什么可担心的呢？既然你们占据着道德上的制高点，那么你们就无须理会那些好事之人的闲言碎语。难道这个世界会为那些蛊惑他人的魔鬼去喝彩，反而责难那些抵御住诱惑、自省自励的人们吗？诚然，答案是否定的，但是即便如此，为什么在实际生活中，还会有许多人因为经受不住嘲讽和利诱而违背自己的道德良知呢？我们会发现，这些人之所以做出不义之举，往往只是出于一时的冲动，但他们却无一不在事后懊悔不迭。这真是一个周而复始的怪圈，我们恐怕很难找出其中的原因，也很难发现解决的办法。

但是，从另一个角度来看，最简单的办法也就是最正确的办法，那就是清楚地表明自己的立场，勇敢地承认自己的态度，鼓足勇气去说不。我们不妨回想一番，在现实生活中，其实很少有人能够斩钉截铁地回答说："不！我不能这么做。不管结果是什么，不管会有多少人讽刺和嘲笑我，我都不能这么做。"有些人可以面对生命的威胁，可以忍受负伤的痛苦，但却无法对他人的冷嘲热讽无动于衷。说到底，这是因为他们缺乏面对质疑和谴责的勇气，甚至可以说，他们缺乏那么一点自信。虽然这个结论可能并不令人愉快，但是我却不得不说："虽然令人备感遗憾，但这就是事实本身。"

在事业开始的最初时期，对于一个年轻人来说，首先需要确认的一点是，自己能够在上帝的指引和帮助下，拥有足够的勇气站在多数人的一方，对任何公开或者隐蔽性的错误行为勇敢地说"不"，对于那些违法犯罪、害人害己的行为坚决加以制止。心中有着这种信念的人，一定是明辨是非、爱憎分明的人。对于年轻人而言，正直高尚的道德力量将会成为他们不断奋斗的精神动力，为他们的成功提供必不可少的助燃剂。试想，假如一个人没有勇气去抗争不正之风与不义之举，没有力量去抵御他人的冷嘲热讽，那么他又怎能有足够的决心和毅力去克服成功道路上的种种艰难困苦呢？从另一方面来讲，如果你从不违背自己的良心，任何时候都敢于拒绝不义之事，那么久而久之，你的身边就不会再有任何唯唯诺诺、人云亦云的小人，自然也就不会再听到这些人的冷嘲热讽。那些怂恿年轻人做出恶行的人们总是会说："我们这么做也不一定就是错的，不仅没有违反常规，而且更没有犯法。我们只是比别人多了个心眼儿，用更轻松的方式赚点小钱而已。好多大人物也是这样做的，我们又何必害怕呢？"除此之外，他们往往还会安抚你说："反正又没有人知道，最后也没有人能够查得出来。"简而言之，这些人所用的伎俩就是激发你的侥幸心理，让你觉得违背道德并不是什么大不了的事，或者未必会遭受惩罚。

这种渐渐腐蚀我们心灵的诱惑和怂恿，往往比强人所难更为有效，也更加危险。人们可能会对明显的邪恶之举坚决拒绝，但是却很难对"糖衣炮弹"有所觉察。当所有人都违反道德底线，并且对你的坚持冷嘲热讽、横加指责时，你反而会变得更加警醒和坚定。但是，一旦这些人转而采取劝慰和鼓动的做法，用种种花言巧语在无形之中诱导你时，你便会轻易放下戒心，屈从于这种短期利益和诱惑之下。可见这种隐蔽的利诱更容易让人们违反原则。不过，即便如此，我们依然能够通过培养说"不"的能力，来拒绝各种直接或间接的蛊惑和怂恿。无论这些蛊惑来自何人，也无论它们包裹着怎样的外衣，只要心中满怀上帝的旨意，时刻寻求上帝的帮助，我们就能够摒弃邪恶，充满勇气和力量，并且将正义和良知坚持到底。

这种敢于说"不"的勇气，并不只是在我们受到蛊惑时才有用武之地。实际上，在我们的商务生活中，无时不刻不需要这样的胆识和气魄。学会对他人说"不"，这其中包含了职业生涯中最需要的勇气。与此同时，我们在面临小小诱惑时所作出的选择，往往比面临重大问题时作出的选择更能看出一个人的本质。因为我们的生活中出现的往往都是琐碎的小事，而这些琐事的出现通常都在人们的意料之外，而在处理和面对这些小事时，又需要我们不假思索立即作出决断，因此在缺乏深思熟虑之时的选择，其实更能反映出我们心底最深处的品性。因此，如果想要培养自己面对诱惑时的淡定和拒绝不义之事的勇气，我们必须从生活中那些微不足道的小事开始，从一点一滴开始，做到严格律己，谨言慎行。

那些引导人们一点点步入歧途、最终犯下大错的诱惑，往往都是慢慢积累起来的。它们通常以迂回的方式前行，以最隐蔽的形式，用最谄媚的言语，毫无察觉地进入人们的脑海中，最终引诱人们在至关重要的问题上酿成大错。反之，对于那些较大的风险，人们往往会提高警惕，所以说，反而是那些微不足道的诱惑会在不知不觉中一步步侵蚀我们，让我们没有足够的时间抵御邪念的蔓延。在我们尚未来得及拿起道德武器进行自我防卫时，我们就已经深陷泥潭之中，无法脱身。

想要抵御这些小小的诱惑，防止它对我们的侵蚀，最关键的一点就是，在它们第一次来临时便将它们拒之门外，这一点至关重要。假如你能够在第一次面对诱惑时，就对怂恿自己违背道德的人们坚决说"不"，那么久而久之，你的拒绝就会愈加有力，而那些好事之人在多次遭到拒绝后，大都会放弃对你的利诱和攻击。要知道，那些试图诱惑你做出不轨之事的小人，绝不会在遭到一次拒绝后就轻易罢休。因此，捍卫道德、维护正义需要我们付出长久而认真的努力。在你勇敢地一次又一次地拒绝蛊惑之后，那些想要引诱你踏入歧途的人只会无奈地对其他想要诱惑你的人说："别浪费时间了，以后再也不用问他类似的问题了！他是不会动心的，我们这样做只是白费工夫。要知道，他和我们不是一类人。"

第28章 克制自己的坏脾气

品格与素质的较量往往就是一个小细节。在追求成功的商业之路上,更多错误的产生并不是能力不够,也不是不能避免,重要的是你要养成习惯。如果一个人自知脾气不好,就应当尽量自我控制,当这种控制形成习惯,他也就已经成功了一大半。

对任何一个人来说，把自己和"脾气暴躁"这样的词联系在一起，总是件令人不快的事。人们一贯认为，"脾气暴躁"这样的词含有贬损的意味。因此，当人们在说起某人"脾气很大"时，他的意思就是说这个人"个性暴躁、令人不快"。反之，如果想表达相反的意思，比如试图对某人进行肯定和称赞，人们则往往会说：他脾气很好，或者他没有脾气。这真是一种很微妙的褒奖，也就是想要通过间接的方式告诉他人，这个人内心平和、为人和善。

"坏脾气"这个词往往比"好脾气"出现的频率更高，因为我们随处都可以听到周围的人在抱怨，抱怨某某脾气不好。所以，我们有必要设法管好自己的情绪，控制自己的脾气，以便更好地与人相处，增进合作关系。俗话说和气生财，商业上的许多成功都取决于平和的态度和豁达的心胸。就这一点而言，那些脾气暴躁的人往往则更显得心胸狭窄，粗暴无礼，也就更难博得他人的信任和喜爱，因此也会失去不少合作机会。《圣经》中就对那些心平气和的人表示赞赏，这些人总是能看到生活中美好的一面，而人们也总是希望和这样的人相处共事。可想而知，又有谁喜欢同一个动辄暴跳如雷的人一起工作呢？

在所有商务纠纷的案件中，因为彼此争论而导致商谈失败的情况时有发生。胜利总是属于那些能够控制自己脾气的人。脾气就是这样，谁战胜了它，控制了它，驯服了它，谁就能够免受它所引发的伤害，避免它对自己造成某些损失。

那些脾气不好的人往往令人厌恶，然而，想要对他们表示出不满和愤恨，却是一件棘手的事情。可以想见，如果我们在很多桶火药中放上一盏灯，那么会造成什么样的后果呢？必然是随时都有发生爆炸的危险。但是，如果你敢于对他们提出抗议，并且试图劝说他们改正这种危害他人的毛病，那么几乎每一个人都会告诉你说，他们无法克服这一缺点。他们还会告诉你说，其实他们也是身不由己，他们也想要改正这个毛病，甚至也曾尝试过改掉这个习惯，但实在是很难做到。

事实上，如果一个人能够抛开事情的结果不谈，暂时也不论成败，只是集中精力来控制自己的情绪，那么，这就好比坏习惯大多是在不经意中养成的那样，通过坚持不懈的努力，我们也同样可以在不经意中养成良好的习惯，并以此来克服自己脾气暴躁的个性缺陷。这个过程一开始或许会十分困难，但是经过一次次的努力尝试，下一次再控制脾气就会变得容易得多。当你感到自己怒火中烧的时候，最好让理智先行一步，比如说，你可以及时进行自我暗示，在口中默念："别生气，这件事情不值得我发火"，或者"怒气冲天是一种愚蠢的表现，这样解决不了任何问题"。同样，你也可以在自己即将发火的时候命令自己：不要发火！坚持一分钟！一分钟坚持住了，好样的，再坚持两分钟！两分钟都坚持住了，我已经开始能够控制自己了，不妨再多坚持一分钟。三分钟都坚持过去了，为什么不能再坚持下去呢？所以，归根结底，就是要用你的理智战胜情感。

这里我想问的是，如果你再次遇到这种情况，你会怎样做呢？如果你曾经能够克制自私自利的行为，控制住了自己的坏脾气，那么，你是否同样也能体谅自己的下属，也能体会到其他人的想法？你是否能意识到，只有控制住自己的脾气，才会对你的事业大有裨益？你从前想过这一点吗？仔细回想一番，过去你发火的对象是不是总是自己的下属和随员，以及那些心地善良、生性平和，无论你怎样大发雷霆也不会同你斤斤计较的人呢？

实际上，那些任由自己被坏脾气操纵的人，仿佛是被恶魔禁锢了自己的心灵一样。因此，我们必须想方设法摆脱坏脾气对我们的桎梏。一点也没错，相比来看，那些动不动就怒气冲冲的人，反倒更会屡屡受挫、处处碰壁。如果一个人能够控制好自己的脾气，无论遇到什么样的情况，他都会首先保持平和的心情，那么他就能真正获得情感上的自由。正如前文所述，即使是最普通、最平凡的人，也完全有能力克服自己的一时愤怒，让自己的脾气服从自己的指挥。既然能够对愤怒的情绪进行人为控制，那么我们为什么不按照上述方法身体力行呢？只要你意识到坏脾气的害处，能够为了克服这一恶习而不懈努力，你就一定能够获得成功。归根结底，问题的关键就在于，你是否具有强大的动力和顽强的意志力，而这一切不在于他人，而是取决于你自己。

第29章 期望越高，失望越大

要想在商场上获取成功，对目标期望值的把握至关重要。诚然，这种期望值虽说少有固定不变的标准，但必然要适度。一旦期望值脱离实际，不仅没有指导意义，还会导致更大的失望。所以，期望必须适度合理。

在仁慈的上帝赐予我们的所有感觉和情绪中，希望无疑是最为有力、最为温暖，也是最为持久的一个。当一个人身陷绝境、四面楚歌，或者贫困潦倒、无以为生时，或者当他觉得一筹莫展、举步维艰时，只有希望不会离他而去，只有希望还能给予他奋勇前行的勇气，赐予他披荆斩棘的力量。尽管他感觉自己被绝望和无助的乌云重重围住，但是希望的光芒会穿透层层浓雾直抵心间，让他满怀重整旗鼓的激情和东山再起的志向。我曾经听到一位饱经风霜的成功商人，在面对挫折和绝望时这样说过：

"一个人如果抛弃了希望，那么他的生命也已消亡。"

人们很容易相信自己的期待和希望，所以在这里，我想要谈一谈人们对于期待的一些错误看法和认识。很多人对前途充满了一种盲目的希望，这是一件非常危险的事情。所谓期望，就是在心中给自己定下一个追求的目标，或者为自己立下某种标准，而后以此为准绳，不断地要求自己，鞭策自己，为了这个目标或标准刻苦努力，奋发图强。倘若他在一定时间内未能达到这一目标和标准，因此感到一种发自内心的伤心与痛苦，这就是所谓的失望。由此看来，期望与失望是有一定关系的，而这二者之间的关系则影响着人们的心情和思想。

一般来说，一个人的期望值定得越高，失望的可能性也就越大。有些人总是怀抱一种急功近利的心理，或者天生就具有急于求成的性格。出于这一点，他们对自己或他人定下的目标往往都过高，已经完全超出了他们的承受能力。而一旦期望脱离了实际情况，其结果必然会导致极大的失望。

在人的一生中，期望必不可少。当你奋力拼搏之时，如果没有引领你前进的导航，你就会失去奋斗的勇气，迷失于人生的坐标之中。倘若一个人置身于汪洋大海当中，漫无目的地四处乱闯，那么即使最终到达了某块陆地，也完全是误打误撞，而不是自己所追求和期望的目的地。更何况，想要依靠这种方式来如愿以偿地到达目的地，这种情况本身就极为罕见。因此，无论是在日常生活中，还是在学习和工作中，每个人都应该有自己前进的航向，给自己定下一个奋斗的目标和标准，否则就只能盲目地四处乱闯，最终不仅害人害己，甚至还会留下一生的遗憾。

人们总是会对生活产生各种各样的期望。然而期望越多，失望的可能性也就越大。只是一味地为了追求更高的要求而乱定目标，过分地要求自己，或者让自己过度操劳，完全忽略实际情况，这样的努力不仅无法达到预定的目标，而且很多时候还会适得其反。期望不能如己所愿，失望之后又满腹懊丧，于是自己就钻进了死胡同，陷入自悲自叹、自怜自恨的境地，有些人甚至还会因此而悔恨终生，不能自拔。

每一个人都应当有自己的期望，都应该为自己定下人生的目标与追求的方向，只要我们定下的期望合情合理，合乎实际情况，那么在我们前进的道路上，期望就会成为一股积极的动力，不断地推动我们前行下去；反之，倘若期望脱离了实际，就会成为我们不断进取的绊脚石，并且像藤萝一样牢牢缠住我们努力攀登的步伐。所以，最本质的问题并不在于有没有期望、要不要期望，而在于期望本身合不合理、可不可能。当我们的期望值高于生活的实际可能时，多数情况下我们会感到十分失望；反之，当我们的期望值低于生活的实际可能时，我们就会少去许多失望。期望值越高，失望就会越大；同样的道理，期望合情合理、切合实际，那么失望的情况就会变得越来越少。

　　因此，我们定下的期望应该合乎自己的实际情况，不能一味地追求高标准而脱离现实，甚至到了十分离谱的程度。比如，一个短跑运动员一百米的成绩是十三秒，但是他的教练却给他定下了十秒甚至八九秒的目标，那么最终这个运动员只能感到悲观失望，同时产生消极抵抗的情绪，甚至与教练对着干，或者听之任之、放任自流。反之，如果教练定下的目标是十二秒，或者十一秒左右，而这个目标与他曾取得的成绩相差不远，他能够看到成功的可能性，于是就会为此努力拼搏、全力以赴，而在这种希望的曙光下，奇迹很可能就会发生。所以，无论是对人还是对事，我们所确定的期望值都不能过高。只有当期望的结果接近人的实际能力时，人们才会滋生出强大的内在动力来，并以此激励自己不断奋斗。如果把期望值定得太高，反而更容易让人陷入沮丧绝望的境地之中，最终落得停滞不前的下场。

期望过高固然不可取，但是期望过低同样也不可取，因为这样会使你失去人生应有的勇气和动力，甚至因此错失诸多良机。人的期望值应当接近实际可能值，并围绕它上下波动。期望值明显过高时应当下调，期望值明显过低时应当上调。不过多数的情况是，我们并不真正了解生活的实际可能值，在这种情况下，我们的期望值就会或高或低，直至接近实际值为止。毋庸置疑，这个不断摸索与上下波动的过程是不可避免的，也是至关重要的。在人生的道路上，没有人能够告诉我们这个实际值的具体标准，而在大多数情况下，这个问题的答案只能靠我们自己去摸索。当我们对生活中的实际值还不够了解时，我们就不能把期望值定得太死，而要作好或高或低的两种心理准备，这样我们才能够避免许多意外和惊慌，从而多一份从容与镇定。

从以上分析来看，合理而正常的期望不仅是必不可少的，也是可以被理解和接受的，而与之相反，不合理不正常的期望就有必要进行改正，并及时作出正确调整，否则不仅害人害己，而且还会让自己错失良机，最后只能独自吞下由此带来的不利恶果。世上没有后悔药，所以，当我们的期望没能如愿时，我们应当在失望之后冷静下来，调整一下自己的预期，改变一下自己的策略与目标。

第 30 章

直面困境,永不退缩

直面困难,是积极克服困难的第一步。伟人之所以伟大,是因为当他与别人共处逆境时,别人失去了信心,他却下决心要实现自己的目标。在困难面前,举手投降只会是彻头彻尾的失败。

当你遭遇难题而陷入举步维艰的境地，或者处理问题落入踌躇不前的状况，那么针对这些困难而言，最为直接、有效的方法莫过于直面困难，以一颗平常心来对待困难，将困难视为普普通通的工作，而不应看做是不可逾越的障碍。越是庞大芜杂、困难重重的工作，越是要试着按照对待普通工作的态度来对付它，一步一步地展开行动，循序渐进地解决问题。拿破仑曾经给"困难"一词下过这样的定义：困难不过是"需要被我们战胜的某件事情"而已。因此，我们不妨借鉴拿破仑的这种精神，以平静而理智的态度对待前行路途中的所有挫折和困难。

诚然，我们承认"时不待我"，但是我们也同样承认，只要投入足够的精力，随着时间的推移，复杂的工作就一定能完成，棘手的问题也必定会得以解决；反之，一旦困难来临，就丧失斗志、丢盔弃甲，面对问题就止步不前、踌躇徘徊，只是等待时间一分一秒地过去，那么我们只会陷入更加危急的困境。可见，虽然时不待我，但是我们必须要坚定地作出抉择：要么完成自己的工作，要么落入绝境，而这一切并不是什么复杂的过程，完全取决于我们采取什么样的态度来对待。所谓狭路相逢勇者胜，就算是面临再大的困难，我们都必须保持清醒的头脑和与之作战的勇气，假如因此怨天尤人、坐以待毙，那么这样的人不是愚蠢又是什么呢？

　　道理虽然尽人皆知，但是仍然有许多人在处理棘手的工作时听天由命、坐失良机。无论面对怎样的困难，我们首先需要培养的就是战胜困难的勇气。坚定地面对困难，坚强地处理危机，直到成功地解决问题，这才是我们应该采取的态度。在气馁和无助的时候，我们不妨告诉自己："如果现在我不坚强起来去战胜这个困难，我将面临惨败的处境。我知道我一定能战胜它，因为我有足够的能力和坚强的意志，所以我一定能够赢得最终的胜利。"这种精神无疑会对你事业的成功大有裨益。每个人在一生中都会面临各种各样的困难，而当困难突袭而至时，你甚至还没开始寻找解决途径，就已经准备举手投降，放弃作战了，那么你就等于已经失败了一半。因此，对于所有刚刚踏入商界的年轻人来说，无论身处何种境遇，都应该让自己满怀必胜的信念，而不是变得患得患失、裹足不前。当你害怕失败时，你就已经失败了一半。但凡想要事业有成的年轻人，都要记住这样的道理：一定要时刻鼓足勇气，勇敢地面对工作中的各种困境，理智地思考问题的对策，智慧地赢得时间的帮助，这样才能最终获得事业上的成功，并由此实现自己的人生价值。

第31章 乐对挫折,不用哭

无论是生活还是工作,难免有高峰也有低谷,挫折其实就是迈向成功所应缴的学费。不同的是,积极的人在每一次受挫中都看到一个机会,而消极的人则在每个机会中都看到无法逾越的困难。

在瞬息万变的商务生涯中，如果我们能够始终保持一帆风顺的状态，这自然是再好不过。我们每个人也都希望，每一笔交易都能够顺利地完成，每一个订单都能够按时保质地交付，所有的工作都能够得心应手、事半功倍。然而，现实的情况往往大相径庭。试问，在琐碎繁杂的日常工作中，谁没有遭遇过令人沮丧的意外？谁没有和他人产生过争执和分歧？我们的工作中总是充满了各种各样的矛盾和摩擦，有时灾难从天而降、毫无征兆，让人猝不及防；有时各种细枝末节烦琐复杂、毫无头绪，让人束手无策。即使是仅仅在某一天里，也很少有人事事顺利、毫无波折，更何况在漫长的商务生涯中呢？我们总是抱怨他人为我们带来了麻烦和不幸，可是谁又能断言，自己从未因为疏忽和错误，给身边的同事朋友带去烦恼和痛苦呢？

　　无论挫折是自己造成的，还是由他人带来的，工作中的波折总是客观地存在着。但是，面对挫折时种种不同的态度，却可能产生完全不同的后果。如果乐观地接受挫折，积极地应对困难，我们就能够用自己的毅力克服工作中的不顺，从而获得长足的进展；反之，如果恐惧困难、怨天尤人，那么困难就会让我们变得怯懦，成为我们的主人，进而操控我们的成败。我们无法控制其他的因素，但是有一点可以肯定：能否战胜工作中的挫折，完全取决于我们怎样看待挫折。挫折就像是蚊虫叮咬，如果你不愠不火，对叮咬的伤口进行"冷处理"，那么你就会免受许多又痒又痛的折磨。如果你急不可耐地抓挠伤口，那样只会导致伤口感染，从而让事情越变越糟。

通向成功的道路从来都不会一帆风顺。我们无法避免挫折，这一点的确令人遗憾，但是，我们却可以尽可能地将麻烦减到最少。很多朋友面对挫折的态度都让我十分赞叹：即使工作繁杂、任务艰难，甚至是屡战屡败，他们也会敞开心扉迎接所有的不快，仿佛这些不快是生活与生俱来的组成部分。正如莎士比亚《无事生非》中的那个警吏道格培里一样，如果你能够对自己的"损失"感到骄傲，并且因为这些"困难"的存在而心生满足，那么你就能够从这些不幸中看到积极的意义。真正思想成熟、头脑睿智、心胸开阔的人，必然能够勇敢地面对生活中的种种挫折，只有小孩才会在受到伤害时手足无措，号啕大哭。因此，与那些在遭遇困难时只会怨天尤人、自怨自艾的人相比，他们才是生活中真正的强者。

除了乐观地面对挫折，我们还可以换个角度来看待挫折。祸兮福之所倚，福兮祸之所伏，即使是最不明事理的人也懂得这个道理。因此，既然挫折有令人痛苦的一面，也就应该有使人受益的一面。对于那些机敏智慧、善于观察的人来说，每一次挫折都是一次经验教训的积累。莎士比亚早就看到了这一真理，所以才把生活中的挫败比做"蟾蜍鼻子上的珠宝"。我们之所以会遭遇失败，究其原因，往往是因为我们自己的疏忽和鲁莽。因此，每一次挫折都是对我们的警醒和惩戒。让我们铭记教训，以免在将来造成更加严重的错误。

至于那些与我们无关的错误，即使完全是因为他人的过失才产生的那些意外，我们也一样能够从这些意外之中学到前车之鉴，以免自己将来重蹈覆辙。失败也好，考验也罢；意外也好，错误也罢；或者是其他任何名词，它们都不过是外表的假象，而真正蕴涵在这些名词之下的，是上帝对我们的警示与关爱。大智大勇的古希腊异教徒约瑟夫在遭到驱逐、流放埃及时，仍然满怀感激地写信给自己的妻子，在讲述自己面临的痛苦和艰辛时他写道："所有这些都是因为我还不够完美，只要我还没有达到最高的境界，这就是上天对我最好的磨炼。"正是他在雅典所遭遇的那些失败和屈辱，为他日后的成功和荣耀奠定了坚实的基础。在多森城，约瑟夫被自己的同胞出卖，惨遭陷害的他似乎看起来已经濒临绝境，绝无重整旗鼓的希望，但是忠贞的信仰和坚定的毅力帮助他克服了困难，让他在埃及获得了比皇权更为高贵的、无与伦比的地位。所有他曾经面临的绝境和逆途，所有他所遭受过的挫折和不幸，此时都成为他高贵地位的垫脚石。

说了这么多，我亲爱的读者朋友们，作为刚刚踏入商界的年轻人，在你们开始开创自己事业伊始，难免会犯经验不足的错误。也许有时你们会感到，生活中充满了各种令人沮丧的麻烦事，让人没有招架之力。但是在此时，你一定要相信，只要我们端正态度，用良好的情绪面对挫折，就一定能够克服困难，将痛苦转化为力量和教训。因此，在面临挫折时，我们没必要哀叹自己的不幸，因为当你走过最为艰难的这段路之后，你就会由衷地感激这些苦难。从某种角度来说，正是这些苦难和挫折成就了我们的成功，成为我们人生最有价值的财富。

第32章
有批评，那是因为你值得批评

接受富有建设性的意见，不要只顾自卫，而要将之视为改善的机会。要承认自己的不足，接受合理的批评，并坦白地与人研究，找出改善自己行为的方法，避免为别人带来不必要的影响及后果。倘若遭遇人身攻击，不妨难得糊涂一次。

在前面谈论脾气的章节中，我们提到，凡是那些按捺不住愤怒、动辄大发雷霆的人，在他人的眼中往往是一些"难以取悦"或者终日"郁郁寡欢"的家伙。事实上，这些暴躁易怒的人更多时候是在和自己过不去。他们的暴躁和愤怒恰恰表现出他们内心的焦虑和不安。

另一类容易暴怒的人，就是那些无法忍受任何诋毁和批评的人，这些人最害怕的事，莫过于他人对自己的责难和厌恶。一旦有人对他们表示出嫌恶的情绪，他们就会因此而夜不能寐、寝食难安。对于这些人来说，如果他们能够仔细思考，就会发现自己的焦躁和不安不过是庸人自扰罢了，这种拿他人的错误行为惩罚自己的举动，实在是一种极不明智的选择。因为这些不快并不是源于其他人，而是自己让自己感到伤心痛苦。

我认识一位非常成功的商人。有一次，这位商人的一位朋友和我聊天，在提及他时对我说："如果你真正了解他，你就会知道他是个什么样的人。我们天天见面，做了几十年的朋友，可是我却从来没有听他说过任何人的坏话，甚至连不满和鄙夷都没有。不过你也许会发现，他总是真心诚意地欣赏别人的优点，哪怕是那些微不足道的一技之长，他都会由衷地表示赞叹。对于他喜欢和欣赏的人，他总是能够当面指出他们的不足，并且提出自己的建议；反之，对于他不喜欢的人，他总是保持缄默，对他们表示出最大程度的尊重。因此，时间长了你就会发现,假如他对某个人的行为不置可否,或者从不评价某个人,那就是说他并不看好这个人。"

在我看来,以上这位成功人士对待他人的态度,正是我们处理自己与他人关系时最好的方式。如果我们不想违心地赞赏某人,那么至少我们可以最大限度地保持缄默,而不是倨后恭,阳奉阴违。这么做不但可以避免伤害他人,而且可以成全自己的平静和快乐。以我从商这么多年的经验来看,所有喜欢批评他人、待人刻薄、吹毛求疵的人,大凡是自己的生活不好、内心不快乐的人。与此同时,这些人往往心胸狭窄、鼠肚鸡肠。

在从商的过程当中,我们往往要面对一些并不欣赏自己的人。有时候,这些人不仅对我们没有好感,而且还满怀敌意和怨恨。这样的人往往会变成我们隐性的敌人,或者成为我们强硬的竞争对手。为了达到某个目的,他们不惜对我们恶言相向,甚至故意从中作梗、妖言惑众。无论对什么人来说,这种伤害都是令人痛苦并且难以承受的。但是,如果我们能够适时调整自己的心态,以悲天悯人的情怀来看待这些无缘无故对你恶意中伤的人,那么你就会感到他们是多么的卑微和可怜,而他们对你造成的伤害,反而没有他们本身那样可悲。正是因为你站在了一个强者的地位,才会引起他人的嫉恨和陷害。因此,假如你遭遇不公或者受到无谓的指摘时,大可调整自己的心态,更加积极地看待困境。

毫无疑问,遭受他人指责或者恶语中伤是一件令人难以忍受的事,然而现实总是这样严峻和残酷,我们没有选择和改变的权力。因此，在面对不快和委屈时，我们只能无条件地接受，坦然地去面对，并且用自己最大的耐心和毅力化解误会。

在面对他人的误会、怀疑和指责时，我们只能调整好自己的心态，用一种宽容和怜悯的态度来积极应对。这个方法虽然不能立即让那些幸灾乐祸者消除敌意，也不能即刻让落井下石的对手放下怨恨，更无法让他们在瞬间化敌为友，成为我们可靠的商业伙伴，但是却能够舒缓我们内心的不悦和委屈，减少他人对我们造成的伤害和损失。也许通过观察以下事例，我们就能够看出，在面对无端的指责和非难时，最明智的办法是不予理睬。无论对手如何挑衅，无论敌人如何嚣张，我们都不要因为对方的言行和挑衅而恼羞成怒，更不要以怨报怨，做出与对方相同的事，或者说出和对方相同的话。相反，一旦你表现出毫不介意的态度，仿佛那些恶言恶语对你毫无影响，你的对手就会败下阵来，所有的流言就会不攻自破。千万不要试图以牙还牙，采取与对方相同的方式报复对方，这样只会毁坏自己的形象，破坏自己的道德观念，让自己变成和对手完全相同的小人。假如你能够拥有一颗宽容之心，对那些流言飞语不予理睬，沉着地面对他们的幸灾乐祸，这将是对敌人最好的还击。最后我还想说，假如遭遇不公或者无故受人指摘，你一定要努力控制自己，不要四处诉说自己的委屈和不满，而应当努力控制自己的情绪，自始至终对整个事情保持缄默。就如何面对诽谤而言，这条建议也许是年轻人最需要学习的一点。

我们反复提到"敌人"这个词语,他们可能对你恶意陷害或者落井下石,但是这些"敌人"却各有不同。有些是出于他们的原因而对我们表示厌恶和仇恨,但有一些是由于我们自身的疏忽和错误而产生的。我相信,每个人都会尽力避免为自己制造出更多的敌人。我也相信,大部分人都不是天性好斗的人,没有人会对魑魅魍魉、钩心斗角情有独钟。当然,在日常生活和工作中,我们总是会不可避免地遇到一些不友好的人,他们不欣赏也不喜欢自己,或者我们对他们也毫无好感。那么,假如你在工作中遇到这样一类人,他们吹毛求疵、睚眦必报,或者总是苦大仇深,对你指指点点,不是向你抱怨和数落他人,就是向他人抱怨和数落你。那么,我年轻的朋友们,当你们遇到这样的人时,请安静地走开。不要反驳这些人的恶语中伤,不要理会这些人的嫌恶。想要报复这些人,最有效的办法就是毫不理会。对他们的言行置若罔闻,就是对他们最有力的回击。有时候,缄默比反驳更加有用,无视比解释更为有效。要知道,那些使用卑鄙手段想要使你陷入麻烦的人,在看到自己的伎俩无法使你烦恼和痛苦时,他们也就没有动力继续实施自己的卑劣行为。在漫长的商务生涯中,我们需要对许多问题保持警醒和敏感的态度,但是在对待小人的陷害和中伤时,我们不妨大智若愚,故意装成麻木迟钝。俗话说,难得糊涂,有时候假装糊涂反而是最为明智的选择。

第33章 慎独修身

人最大的敌人就是自己。大多数人可以"慎众",在众人面前中规中矩,一丝不苟;而独自一人时,自己的所作所为、所思所想是否仍能保持正直?"慎独"最能考验人的意志和品行,也只有能够"慎独"之人,才具备更强的潜力,才更容易创造成功。

曾经有人一针见血地指出:"当一个人无法忍受独处,或独处时感到极不自在,那么,要么是他同伴的品质令人怀疑,要么是他本人所受的教育和道德修养存在问题。"

一个人如果总是独来独往,必定极其痛苦。人们即便不会因为孤独而感到悲痛欲绝,至少也会感到惶恐不安。但是,对于那些害怕独处的年轻人来说,他们的精力往往过于分散,无法集中到某一项工作中去。我们不妨试想一下,倘若把所有用于其他烦琐事务的精力全部集中起来,那么一个人可以完成多少工作!这些人没有独处的时间,也就不会去独立思考和自我反省。如果能够静下心来,他们就会发现,自己之所以害怕独处,是因为在潜意识中害怕面对自我,否则他们怎么会尽自己一切所能想要逃避与自我相处的机会呢?诚实的人总会试图避开狡诈邪恶的人,言语文明的人则无法忍受满口粗话的人,按照这个道理,倘若一个人连自己都不愿面对,那一定是因为在面对自己时,他所看到的人已经丑陋到令他惊异和害怕的地步,让他只能选择躲避。即使不完全出于这个原因,至少也是出于对自己外貌的不满,让他无法喜爱和接受自己。在这种情况下,这个年轻人内心的价值观一定是扭曲的,他没有考虑一个人内在的品质，仅仅因为外在的表象就武断地否定自己。

总而言之，所有畏惧独处的人都会在不同程度上存在着自卑和不满。从表面上看，不能独处是由于他们害怕孤独，时刻需要人陪伴，而从本质上看，这是由于他们的内心有填补不了的空白，需要依靠他人来打发时间。这不仅会令他们自己感到惶惑，也会让他们身边的人感到烦扰和不悦。因为无法独处的人往往会为了摆脱沉重的心理压力和过分纠结的思绪，而极其随意地同身边出现的人结为伙伴。他们会让任何一个能够联系到的人陪伴，而根本不顾及对方的人品和个性。在没有熟人陪伴的情况下，任何一个伴侣的出现，都会让这些害怕独处的人欣喜若狂，并将其视为知己。毫无疑问，没有经过了解就随意结交朋友，这必定是非常危险的事。

也许有人会反驳说："怎么可能会出现这种情况呢？假如一个人只是因为不愿思考和逃避自省就慌不择友、随便找人来打发时间，那么为什么他不能找些完全不需要动脑子的事情去做，用这种方法来消磨时光呢？比如，除了呼朋引伴以外，还可以选择读书看报啊！"然而可惜的是，那些无法面对自己的人，往往对书中的箴言更加畏惧。对他们来说，"静下心来"读一小时的书无异于一种痛苦的惩罚。由于畏惧现实和真理，很多人甚至只要想到书本就会感到焦虑不安。由此我们可以断定，假如一个年轻人必须要依靠外物来维持对生活的热情，丝毫不能忍受独处的时光，那么他一定是个精神贫瘠、品质低下、行为不良的人。

Do The Right Thing At The Right Time

从另一方面说，假如一个年轻人能够甘于寂寞，在任何独处的情况下都能安排好时间，让自己的生活时刻都充实而有趣，那么我们可以确定地说，这样的人只会和那些情趣高雅、品位不凡的人为伍。在这种前提下，他所结交的商界朋友或者业务伙伴，无疑都会是优秀的事业合作者。事实证明，很多后来声名鹊起的成功人士，在踏入商界的最初阶段，都是以独立而低调的姿态开始学习商务知识、培养业务能力的。往往在他人还没有注意到的时候，他们就已经通过反思和积累，获得了长足的进步。

善于独处的年轻人往往会有足够的时间和充分的自由做自己喜欢做的事，离开了他人的说长道短和指指点点，他们反而能够更快地发掘自己的潜力。即使是那些存在某种不良思想的年轻人，经过适当的独处，当他们发现自己完全有能力胜任某项工作时，就会立即从浑浑噩噩的梦中醒来，以令人惊异的速度迅速成长。有一位历尽世事的老者，在面对一个即将误入歧途的年轻人时，看出了这位年轻人对大千世界的向往，这位老者很清楚，一个年轻人学坏也许只是一瞬间的事，因为面对太多的诱惑，年轻人总是轻而易举地走上歧途。于是，他对年轻人说道："小心点儿，我年轻的朋友，仔细想想你正在做什么，不要以为独处的时候就没有人知道你在做什么。其实每一个人都像是住在一间玻璃房中，你的所作所为总是可以间接地被他人知晓。生活要比你想象的透明得多。"年轻人一旦铸成大错，就很难抹去污点。

如果不慎误入歧途，那么想要重新回归正途，就会比堕落时难上一千倍，即使在事后后悔不迭，也只能是于事无补。对那些能够独处的人来说，他们不仅不惧怕面对自己，并且能够通过审视自己发现问题，进而改正问题，避免悔恨终生。

除了谨言慎行、严格自律以外，几乎没有其他办法能够有效地避免走上弯路。因此，年轻人不妨从现在开始就树立这样一个坚定的信念：无法独处绝不是害怕孤独那么简单，我们应该对这个问题进行深刻的思考与反省。独处可以帮助我们理清思路，去伪存真，完善自我。慎独是一种情操，一种修养，一种坦荡，更是一种自律。如果一个人在独自活动时仍然能够保持高度自觉，按照一贯的道德规范行事，那么他就会蕴藏更为强大的意志力。而只有发自内心想要严格自律的人，才能真正成为自己的主人。那些对慎独修身满不在乎的人，只能依附他人，最终成为恶习的牺牲品。事实上，没有什么比战胜自我、成为自己的主人更能令人感到满足和欣慰了。

第34章

认识到友情的价值

成熟的人擅长与人交往,无论是客户、同事、领导甚至是竞争对手,都能在他们中间游刃有余,让自己的工作顺着这些网络得到更大的发挥空间。但不是每一个人你都要征服,有的人,不亲近比亲近会更有利于你的发展。

在某些场合，出于业务合作需要，人们不得不与那些平日里从不会主动交往的人频繁往来，这种随处可见的商业关系就是如此复杂多变。尽管他们彼此的理念各不相同，但是也必须要忍受这些差异。他们不是真正的合作伙伴，但是业务的紧迫性让他们不得不进行接触，而他们之间频繁的会面，也仅仅只是出于业务方面的原因，与所谓的友情毫无关系。

从这个方面来讲，他们的结合有可能会让自身变得更加强大，也可能导致自己变得更加脆弱。随之而来的结果就是，无法避免地对自己的业务产生重要的影响。例如，合作的一方可能缺乏诚信或者声誉不佳，但是就另一方而言，也许你与他们之间毫无私人过节，但是你对这些事情却浑然不觉，因为他们会刻意向你展示他们具有优势的那一面，而有意隐瞒那些不利于自己的信息。同样，对于他们在商业活动中惯用的那些狡诈行为和鬼蜮伎俩，他们自然也会对你守口如瓶。

但是这样一来就会产生更大的危险，因为从本质上讲，你们之间的关系不仅仅是合伙人，很大程度上也是一种朋友关系。如果你仅仅是因为业务关系与他们联系，通过正常的商业渠道与他们见面，那么这种接触就不会有所深入，但即便如此，你与他们之间的联系也的的确确存在着。那么,无论这种存在多么微弱,这种关系多么浅薄,你也无法避免有些人对其进行夸大,甚至声称这是一种密切的联系,然后把你归为他们当中的一员,而你的名誉和品质就有可能因此遭受极大的损害。

面对那些质疑你的声音,也许你会辩解道,"我们之间只是普通的商业关系,而不是真正的伙伴关系",造成这种伤害的原因并非在于你们彼此之间的联系。毫无疑问,事实的确如此,但是人们却并不这么认为。虽然有时候他们的结论过于武断和草率,但是你却不得不经常面对这样的情况。对于那些信誉卓著、德高望重的企业来说,他们向来都会认为,自己的合作伙伴就像恺撒大帝的妻子那样贞洁,一定应当诚实守信、无可指摘。

一位深谙人性的智者曾经说道:"观其同伴,知其本性。"此外,还有一句话与上面这句格言几乎如出一辙:"物以类聚,人以群分。"诚然,一个人喜欢交往的对象,往往都是那些与自己持有相同观念、情感、生活方式与行为准则的人。不过,有些人可能会反驳说,某些人之间似乎并没有什么共通之处,但是最终也成了朋友。这种情况的确时有发生,但是这一事实并不能否定上述观点。如果我们能够对这两者进行仔细观察,我们就会发现,他们之间并非是全然不同,依旧存在着某些相似的方面,而正是这些相似之处,在他们之间形成了牢固的纽带。

从大多数情况来说,这句格言都不无道理。如果你能够了解一个人的同伴及其好恶,以及他总是喜欢向谁求教，那么从某种程度上说，你就能够准确地推测出他的品位爱好、行为习惯以及事业前途，等等。通过仔细的观察，我们就会发现，如果一个人的同伴举止低俗、语言粗鲁、习惯不良，那么这个人的思维方式和生活习惯很可能也同样如此。即使在一开始的时候，他的言行举止与这些人有着很大的差别，但是随着时间的推移，他也会变得像这些人一样。

从反面来说，这一规律仍然能够成立。显然，对于人性稍有一点常识的人都会知道，一个人接受不良影响要比培养优良品质容易得多。但是，如果一个人能够长期与那些心地善良、品行高尚、举止有度的人来往，那么耳濡目染，他的日常生活和商业活动就不可能完全不受他们的影响。因此我们可以说，尽管这种影响的速度十分缓慢，但是这些良朋益友却一定能够在潜移默化中让你有所裨益。

有句古语说得好："与愚者为伴，必遭毁灭。"任何一个有意选择愚人作为朋友的人，就是在进行道德上的自杀，因为他选择了死亡，而不是人生。这里所说的愚蠢，不是一般意义上同普通人比起来智商较低的所谓愚蠢，而是指一种更加有害、更为可恶的东西。因此，我们必须远离邪恶的诱惑，选择仁爱的道路，让自己没有任何机会误入歧途。否则，除了让自己也变得愚蠢之外，我们还会长久地困扰于道德上和身体上的痛苦折磨之中。

有许多人就是因为年轻的时候没有听取老一辈的意

见，当初不仅不对自己加以约束，而且从来都不反思自己的行为，以致现在对此深表遗憾。《圣经》上所说的这种情况虽然可怕，但对许多人来说，却是一个不争的事实。好在他们已经走过这么长的道路，他们希望自己能够作出改变。因为他们已经对此有所认识，即便是再普通的人也应当明白，明智的友情要胜过蒙昧的愚者。

第35章 尊重前辈

成功的人是跟别人学习经验,失败的人只跟自己学习经验。商界前辈的建议和告诫,是他们自身的经验教训总结而来的宝贵箴言,是经过实践检验的有力忠告,往往比其他信息更为重要,也更为有利。

在商界中，许多经验丰富的成功人士都会认为，在他们所选择的那些朋友和顾问当中，至少要有一位是经验丰富的老人，而这些长者在他们的创业之初发挥了巨大的作用。当然，我们可以认为，一般来说，年轻人的商业伙伴都是与自己年纪相当的人，而那些年长者必然会随着年龄的增长，逐渐变得因循守旧、墨守成规。因此，几乎所有的年轻人都认为，现代的生活方式远比过去的生活方式更为适合。

从某种程度上来讲，这种说法或许有一定的道理，然而却并非是事实，或者说只有一部分是事实。诚然，如果我们因此就劝说年轻人多交一些年长的朋友，而不要四处结交年轻的伙伴，这无疑是一种极不明智的做法。但是，与前者相比，后者往往会由于缺乏经验而四处碰壁，因此在从商的道路上，那些前辈的指引无异于黑暗中的一缕希望之光。对于正处在创业之初的年轻人来说，一位长者的三言两语往往会发挥出意想不到的作用。

然而有些年轻人却认为，那些老商人所代表的观点只不过是一些业已过时的陈规陋习，一堆毫无价值的说道教条。在这里，我必须给年轻人以告诫，这种想法着实是大错特错。我们知道，在经商的过程中，想要与自己的商业伙伴维持一种友好的联系，我们就需要讲究某些原则和方法，而这些原则和方法既不会立即消失，也不会很快过时。对于英国商人来说，这些原则始终保持着从未有过的新鲜和纯粹，也正是因为这种品质和特性，英国商人才得以誉满天下。在他们看来，只有经过长期的亲身实践，人们才能够真正掌握事业成功的主导原则。但是，仍然难免有一些投机取巧之徒，想要仅凭这种经验就耍弄花招，玩弄诡计，使用一些卑鄙手段，妄图从中谋取私利。

可以说，这些经验是那些老商人在长期的商业实践活动中潜心积累和艰辛劳动相结合的产物。只要年轻人愿意，他们也十分乐意将这些经验与年轻的朋友一起分享。然而，也有一些老商人，一旦涉及某些与自己有关的糗事或丑闻，就立即装聋作哑，做出一副讳莫如深的样子，让人不得不对他们敬而远之。不过幸运的是，即使是对一个经验不够丰富的年轻人来说，这种居心叵测的长者并不难以分辨，因为他们很快就会背叛正确的道德原则和行为习惯。这些所谓的长者，不仅会像一只害虫那样逐渐腐蚀年轻商人的信心，甚至还会向他们的意识里灌输邪恶丑陋的思想。

然而事实情况却是，有些居心叵测的商人往往以善良的长者自居，并时常以此身份为身边的年轻人指点迷津。或许有些人能够从他们那里得到一些有益的建议，但是他们所造成的危害以及潜藏的隐患，却只会让年轻人得不偿失。出现这种情况不能不令人万分诧异，但是不管怎样，如果这些年轻人曾经从父母那里接受过良好的教育，懂得什么才是真正的道德准则，那么这些准则就会不断指引他们前行，保护他们走向成功之路。

第36章
善待下属

善待下属,这是领导的职责,也是领导的崇高品德。人生就是一个不断攀爬的过程,在这个过程中谁都需要扶持。一个人扶持下属,就等于无形中为自己建立起一道坚固的后盾。做一个成功的管理者,态度与能力一样重要。

曾经有一个明察秋毫、目光敏锐的朋友对我说："想要知道一个人的个性如何，品质怎样，最有效的方法就是看他如何对待自己的下属。一个人对待自己员工的态度，以及他所表现出的行为举止，可以透露出他的所有品行。"虽然这句话未免有些绝对，而且也很夸张，但这种说法的背后却隐藏着无可辩驳的真理。

作为年轻的职业商人，无论在何种情况下，即使是身边只有一个私人助理，也应该善待自己的下属。每一个下属都需要领导的公平对待，因为公平对待下属，不仅能够调动员工的积极性，而且还能够使上下级的关系保持融洽，那么这种做法无论对工作还是对事业都极为有益，我们何乐而不为呢？所谓上级或者下级，也只是相对而言的概念，因为一个人或者一级机关，对下来说是上级，对上来说又是下级。既然各级领导都期望能够得到上级的公平对待，那么也就应该给予自己的下级公平对待。在人生这个庞大的舞台上，如果你想要扮演好自己的角色，那么就要用一颗平常心来看待自己，定位自己，对事业多一份责任感，对下属给予公平的对待。这既是一种思想境界，又是一种工作方法，还是一种领导责任。

作为领导者，应该对自己的员工实行激励政策，促使员工不断挖掘自己的潜力，帮助他们更好地发挥出自己的才能。只有依靠这种自发的积极性和创造性，员工们才能在工作中做出更好的成绩。因此，学会如何对待下属是一名领导者的基本职责和必要能力。一个能够调动员工积极性的领导，才是一名真正成熟和称职的领导。作为上司，首先应当对自己的员工一视同仁，无论亲疏，不分厚薄。其次，一个团队如果缺少信任，其后果极其严重。信任必须作为双方共有的财富才能长久，单方面的信任一定会半路夭折。既然每个员工都是公司或企业的重要组成者，那么，要让他们感觉到你的信任，这无疑是一件至关重要的事情。除此之外，作为一名优秀成功的领导者，学会尊重自己的下属也是必不可少的素质之一。

第37章
做人要有仁慈之心

具有仁慈之心的成功人士,都具有直言不讳和决不阿谀奉承的良好品德,对他们来说,凡事都会变得更容易。记住,仁慈与善心是成功的基础。

这个世界上似乎总是有这样一些人,他们不喜欢夸赞别人,总是说一些让人厌恶的话,或者做一些令人不快的事情。而对于这样的人,人们总是会不自觉地敬而远之。与之相反,还有一些人总是喜欢向他人殷勤谄媚,而他们所奉承的对象,大多都是在社会上具有重大影响力的有钱人。

与此同时,这个世界上还有另外一些人,他们为了满足一己私欲,达到个人目的,经常对那些有权有势之人溜须拍马,即使他们的内心并不乐意这么做,甚至非常讨厌或鄙夷这些人。与此相反,我们周围还有一些自视清高的人,他们从来都不会对任何人趋炎附势,任何时候都保持自己的态度毫不动摇。

毫无疑问,只有那些心怀仁慈之人,才能够真正在商场上呼风唤雨,成为商界内叱咤风云的人物。然而,也有一些铁石心肠、冷酷无情的商业人士,他们同样能够在商场上闯出一片天地,并且还为自己积累了大量的财富。但是,人们往往只看到了表象,如果你能够掀开他们冷漠的外表,了解他们背后的故事,你就会发现,为了今天的财富与成功,他们曾经付出多么惨痛的代价。如果你对这些事实真相有所了解,我敢肯定,你既不想通过这种办法获得财富,也不会想经历这些可怕而痛苦的遭遇。

　　反之，如果你能够怀抱一颗仁慈之心，那么你一定可以两者兼得：不仅得到他人的尊敬，还能够获得事业上的成功。虽然你并不一定会成为亿万富翁，但是，你却一定能得到那些财富买不到的东西；你用你的仁慈之心，换来了领导人心、影响他人的能力，正所谓失之桑榆，收之东隅。只有那些认为"财富不是生活的全部，金钱不是生活的本质"的人，以及那些天性仁慈、在商场上友善待人的人，才能够真正明白这样的真理：自己的所得远远要比财富的意义重大得多。在日常生活中，你会在不经意间发现，那些真正的社会精英、商业翘楚和成功人士，都是一些待人友善、做事真诚的人。因此，不论这些人是富裕还是贫穷，作为一个年轻商人，与他们建立深厚的友谊会让你受益良多。如果你能够结识一位富有且影响力巨大的人物作为朋友，那当然最好。但是，如果这个人虽然清贫却不失德行，那么也请你一定要记住，不要让自己和这样的人失之交臂。用世俗的观点来看，这个人也许没有巨大的财富，没有显赫的地位，但是如果你能够和他成为朋友，你一定会发现，这个人能够为你的生活带来无可比拟的精神财富，而这恰恰是我们一生中都弥足珍贵的东西。

　　与此相反，如果你所结交的朋友，都是在本章开始我们提到的那一类角色的话，那么即使你为了达到某种目的而极力与他们接近，其结果一定会令人失望。原因很简单，因为他们不会给你连他们自己都没有的东西，即对他人的仁慈和友善之心。因此,我希望你们能够明白并做到,与其和这些铁石心肠的人不胜其烦地相互纠结,还不如把自己的时间和精力用到有用的地方。对于这些人,我们只有敬而远之,才不会受到他们的影响。当我们选择了正确的结交对象,并与其建立起真挚而密切的友善关系时,我们自己的生活也会变得更加美好。

第38章 保守秘密，独享寂寞

无论什么时候，无论在什么情况之下，切勿将机密或私有资料外泄给无关之人，对于别人跟你分享的秘密要守口如瓶。尽量避免散播可能破坏他人名誉的消息，不要亲近那些造谣生事者。这是商界中一条不可轻视的"黄金法则"。

一提到"秘密"这个词,立即就会有人耳朵发痒。这个词语总是轻易就吸引了这些人的全部注意力,他们总是迫不及待地想要了解这个秘密的来龙去脉,想方设法地四处打探,探听究竟什么人才知道这个秘密。然而,对于普普通通的人来说,他们宁可自己不知道这个秘密,因为想要保守秘密,就意味着你要承担相应的责任,处处都要小心谨慎、如履薄冰,而要完美地做到这一点,实在是没那么容易。

在日常商业生活中,人们经常会告诉别人自己的秘密,或者倾听别人向自己诉说某些秘密,在这种情况下,他们就要一起保守这个秘密。对于那些对自己的同行感兴趣的商人来说,把精力花到窥探他人的秘密上,从某种程度上来讲,绝不是在浪费时间。当你有幸得知他人的秘密时,对于如何保管这一秘密,你可能表现得或谨慎或疏忽,以至于让自己显得或者明智或者愚蠢。在这里,我想要提这样一条建议,那就是:对于任何秘密,最好的做法就是三缄其口、严加保守。要想做好这一点,你必须注意,不要让其他任何人知道你正在为他人保守秘密,因为有些人天性就对秘密极为好奇,总是喜欢拼命挖掘出你想保守的秘密。因此,不要随随便便告诉别人,说你知道某某人的什么秘密,这样一来,你就等于为他们节省了打听秘密的时间,让他们轻而易举得到这一秘密的来源。没有什么事比这更让他们梦寐以求的了,因为对于这些为人狡诈的人来说,他们总是不择手段地去窥探他人秘密,倘若让他们得知秘密的所在,就等于他们在攻破秘密的道路上成功了一半。如果你正在替别人保守秘密,又不慎让他们得知的话,那么你很快就会发现,自己已经陷入了一场同这些无耻之徒的"战斗"当中。在这场战斗中,你处于被动防守的地位,你在极力保守秘密,而他们却处于主动攻击的一方,想尽办法从你身上寻找突破口,试图获得这个秘密。要知道,处于防守地位只会对自己的情况更加不利,因此你就会发现,自己在这场"战斗"中始终处于劣势。打个比方来说,就你现在的情形而言,你就像是遇到了一个破门盗窃者,他们不知道你的宝藏藏在哪里,可是一旦你告诉了他们你有一个秘密,就好像是告诉了他们藏宝的地点一样。他们一定会对此非常感激,因为这样一来,他们就可以千方百计地躲开保管财物的主人或者仆人,轻而易举地得到这个秘密。

当秘密的保守者暴露自己的目标时,这个秘密也就泄露了一大半。假如情况真的发展到了这一步,其实你已经违反了当初你接受秘密时和秘密委托者建立起来的诚信约定。虽然你并没有为此签署什么书面合同,但是,委托人之所以信任你,并且把秘密告知于你,这本身就暗含着要你保守到底的意思。因此,对于这个秘密,你应当像保管自己的宝藏一样严加保守。希望年轻的商人能够真正懂得秘密的这一内涵，否则我的建议就是，在任何情况下都不要去管别人的秘密。总而言之，这里我想要提出一条原则："尽可能不要去管他人的秘密。"当然，在有些情况下，我们可以考虑帮助别人保守秘密。当你真心地愿意帮助那些处在困难和危险之中的朋友时，当你深深地知道他确实有一些难言之隐时，或者他在万不得已的情况下希望有个值得他信赖的人帮助时，你就应该毫不犹豫地伸出援手。在这些情况下，你的朋友真的需要你的帮助，而你不仅应该积极地给予他们帮助，更应该对他们的秘密严加保守，就像是对待某个神圣不可侵犯的东西一样。这样一来，你的朋友才能够脱离苦海、远离危险，那么你又何乐而不为呢？

事实上，保守着一份秘密也就意味着保守着一份寂寞。对于保守秘密者来说，是否能够耐得住寂寞，这一点至关重要。如果你总是表现得神神秘秘，或者动不动就说些"此地无银三百两"的话，那么，那些嗅觉敏锐的秘密窥探者，很快就会对此有所察觉。有些秘密是不用靠嘴说就可以泄露出去的，有时候，甚至可以说在大多数情况下，一个点头或者耸肩的小动作，就可以把你内心深处的秘密泄露无遗。因此，即使你毫无秘密可言，当你面对那些四处打探秘密的人时，也应当表现出自己好像有什么秘密一样。与此相反，如果你真的有什么秘密需要保守，那么无论如何，你都应当对它严加保守。因为随着时间的推移，这个秘密会在你的心里越积越难受，就像从山上滚下来的雪球一样越滚越大，总有一天会使你心痒难耐,忍不住想要一吐为快。因此,在你保守某个秘密的同时,也要保持自己良好的心态。有很多人正是由于一时疏忽而不小心说漏了嘴,不仅泄露了秘密,而且也让自己的信誉毁于一旦。虽然这些人在生意上不会有什么损失,但他们在名誉上受到的伤害更为严重,而且久久难以磨灭。对于一个商人来说,信誉至关重要。因此,在任何情况下,我们都不能失去自己的诚信。不去传播他人的秘密,就是保持良好信誉的方法之一。我经常提到《圣经》里这样一条"黄金法则",请你们一定要记住:己所欲,施于人;己所不欲,勿施于人。只要你们能够按照这个原则做事,你们将永远不会为自己的所作所为感到后悔。

第39章 信守承诺

承诺的真实含义在于身体力行。承诺他人时,要清楚自己是否能完全兑现,不要接受无法完成的工作或不合理的要求,不要自毁信誉。在现代商业社会中,信誉就是最有效的资本。金钱损失了还能挽回,信誉一旦失去就很难挽回。

"承诺"涉及我们生活的方方面面,同时也是经商过程中必不可少的一个重要组成部分。在这个世界上,我们每一个人都在为他人做事,同时也有很多人在为我们做事。当我们相互接触或者进行交流时,我们会向他人作出承诺,他人也会对我们作出承诺。对于这些承诺,我们只有身体力行加以兑现,它们才会具有实际意义。否则,这些承诺就永远只是停留在表面上的空话。虽然这不过是老生常谈,但令人遗憾的是,即使是这些尽人皆知的常识,仍然有人对此不屑一顾,或者干脆视而不见。从这些人的行为举止来看,承诺对于他们来说,只不过是一种让自己摆脱困境的方式,并不具有承诺的真正含义,因此他们会信口开河,随随便便向他人许诺,却没有一点想要去付诸实践的意思。

然而,这样寡廉鲜耻、不讲诚信的原则却在社会上广为流传。这给我们的社会带来了很多不稳定的因素,除此之外,最令我感到担心的就是人们会对这种事情保持听之任之的放纵态度。可怜的是,有些人对此不以为然,他们认为这样做根本没有什么错。当世俗的标准已经判断不清对错的时候,他们自己也已经忘记了,这种行为根本就是大错特错。

很多人在收到厂家的订单时,总是毫不犹豫地向厂家作出承诺,保证自己可以在预计期限内完成厂家规定的工作量。虽然他们心里很清楚,自己根本不想和这个厂家合作,或者即使他们想为这个厂家做些事情,但是由于自己的商业资质不够,所以根本就无法完成这些工作,可是即便如此,他们仍然会接下订单。现在的人怎么会变成这个样子呢?世间的事情总是有因才有果,因此,必定是有什么原因,才使得这种不良习惯在商场上传播开来。可以肯定的是,这种习惯之所以形成,一定关乎人们的道德规范问题。倘若要对这个原因追根溯源,就要从人们开始经商的那天说起。大多数年轻人从踏入商场之后,就开始对真理变得麻木起来。虽然年轻的商人在学校或家里都受过良好的道德教育,但是大多数情况下,当他们第一次跨入商界,第一次开始做生意时,他们得到的第一次教训,往往就是要冷酷无情地抛弃自己在家里或在学校学到的那些清规戒律。那么,现在摆在我们面前的,就只剩下这样一个原则:无论你曾经对顾客和买家作出什么样的承诺,只要这些订单能够让你生意兴隆,不管你怎样违背自己的诚信,这种做法都无可厚非。一旦这些年轻人认同了这一观点,认为只有这样才能得到商业回报,他们便会不由自主地误入歧途。

对于一个思想保守的人来说,我觉得根本不应该存在上述问题。但是,当人们对诚信与正直显得漠不关心时,当他们对这些事情抱着无所谓的态度,甚至认为根本没什么大不了的时候,这无异于是错上加错,只会造成更加严重的后果。有些人不仅做不到诚信待人,而且对它所带来的严重后果毫不顾忌,在这种状况下,如果他们企图诱使自己的员工也走上这条路,企图让他们从一个品行端正的人变成一个缺乏诚信的人,那么这种行为更是罪加一等。

曾经有句古语说道,"君子一言,驷马难追"。这句话并不是空话大话,因为它包含了一名成功商人应有的道德标准。英国商人曾经在全世界都享有极高的盛誉,而且在相当长的一段时间内,没有任何一个竞争者能够获此殊荣。然而令人遗憾的是,如今时过境迁,昔日的光荣业已不复存在,我们也为此付出了惨痛的代价。从一个权威商业人士的观点来看,我们很有可能会继续失去更多的东西。至于前辈商人"君子一言,驷马难追"的美好品德,现在的商人已经完全将其抛之脑后,甚至故意将其摒弃。然而,一旦我们舍弃了前辈们这些诚信正直的良好声誉,那么别人将不再愿意和我们进行生意往来,我们的贸易量就会随之急剧下滑。

如今的社会是一个日新月异、个性鲜明的社会,每天的新鲜事物层出不穷。但是,真正让我担心的是我们伟大的民族传承下来的良好行为准则、行为规范,已经被有些人视如敝屣,并且毫不吝惜地抛之脑后。尽管新的处事原则层出不穷,但是老式的行为准则在当代社会中仍然不可忽略。传统的行为准则一旦被人打破,我们的生活就会因此而蒙受极大的损失,造成无法估量的灾难性后果。在这里,我想对那些刚刚踏入商界的年轻人说，作为一名商人，不管我们已经如何名誉扫地，你们都要尽自己最大的努力去维持、去挽回我们曾经的声誉。希望我们能够携手共进，重塑商人"一言既出，驷马难追"的形象。只有我们这样做了，别人才会觉得我们能够被信任、值得信赖，才会愿意和我们保持生意上的往来。你们一定要成为诚实守信的商人，不要因为某种诱惑而轻易放弃自己的承诺，不要对前辈们传承下来的行为准则置之不理。也许新鲜事物的确十分吸引人，但是，请你们同样不要忘记我们民族的优良传统。相信我，这些优良传统能够为我们的生活带来数不清的益处。

第40章 和气才能生财

做事先做人,商道即人道,经商的道理和做人的道理是相同的。商人的要义在于和气生财,与人维持健康而友善的关系,是事业成功和发财致富的重要技巧。修身治财,实现美德与财富的和谐,才能获得真正的成功和持久的发展。

在你认为他人的所作所为会对自己的生意造成不良印象，或是你认为他人的言行举止满含对你的偏见之前，请你一定要先确定一点，那就是自己的这种感觉是否绝对正确，并且是否有根据可循。要想对此作出合理判断，那么你就必须保持冷静的头脑与平和的心态。无论是在繁杂的生活中，还是在纷扰的商场上，即使我们的本意并非是要诋毁他人，我们也绝不要随随便便在背后说他人坏话。这种总是在别人背后指手画脚、说长道短的行为，实在是一种极不妥当的行为。我们都知道，如果你在背后批评一个人，这就意味着他没有为自己辩护的机会，因此无论什么时候，一个人做出这种行为，都是一件很不光彩的事情。当其他人在背后一起讨论某个人的性格时，如果你选择保持沉默，那么实际上你就是通过这种沉默的方式，对这些总在人背后说长道短的家伙进行谴责。但是，当你离开这些人的时候，你心里也许就会认为，由于刚才没有加入他们的肆意批评和恶语中伤，他们一定也会对你非常不满和反感，说不定现在他们也正在对你指手画脚呢。

如果你真的这样认为，并且感觉自己受到了冒犯，心情也十分不快的话，那么我劝你大可不必这样。如果我们说，世界上真正最悲惨的人，就是那些最容易生气的人，我想你一定会认为这句话听起来很奇怪，因为你早就已经习惯了自寻烦恼。有些人总是自作聪明地认为，无论其他人做任何事情，都是在跟自己过不去，所以也无论他们对你说了什么、做了什么，都很可能是在对你恶语中伤，而在这种情况下，一点点小事就可以让你感到烦躁不安，甚至让你暴跳如雷。也许对于大部分人来说，那本是一件高兴的事情，可是对你来说，很可能就变成了令人不快的烦恼。因为你总是悲观地认为，在这些事情的背后，一定有一个危险的陷阱或阴谋等待着你。从表面上看，也许你的前途一片光明，但是前进的路上却布满了荆棘。如果别人善待了你，你不但不会感到高兴，反而会对他更加反感。当别人对你彬彬有礼，或者全心全意地为你着想时，你不仅不会感谢他们的友好行为，反而会认为他们是在有意侮辱你、冒犯你。在你眼里，他们都是虚伪的，而且他们之所以对你彬彬有礼，也只是为了掩饰曾经对你做过的那些恶行，或者是另有企图。总而言之，人们绝对不会知道什么时候才可以让你感到高兴，用什么方法才可以取悦于你。我甚至可以毫不过分地说，连你自己从来都不知道，究竟要怎样做，才能让自己真正高兴起来。每天一早，你就开始为那些毫不存在的陈年旧怨而愤恨不满，而在一天结束之后，你又会在自己的头脑中制造出另外一个新的怨恨对象。

当我们形成易怒的习惯后，它就会触犯那些与基督教徒生活相关的准则，而这些准则却是本书中一直加以强调的、可以用来指导我们日常商业生活的良好规范。当它开始影响到我们的正常生活时，我们就必须设法克服自己的这种不良习惯。如果你生来就具有这种错误的思维方式，惯于认为他人的一言一行都是针对自己的话，那么你就要在最开始的时候，与这种性格斗争到底。因此，每当你感到不快时，应该首先弄清楚别人是不是有意去伤害你，或者蓄意给你制造麻烦。

无论是我们的生活常识，还是其他类似的经验，这些都告诉我们，那种动不动就大发雷霆的习惯，对我们的精神健康没有任何益处。如果你是一个善于观察的人，你一定会发现，不管我们愿意与否，在我们从商的过程当中，总是会有一些苦恼和不快自己找上门来，无论我们怎么做，这些事情都无法避免。但是，如果你仍然执迷不悟，那么你就是在自寻烦恼。只有运用自己智慧的头脑，冷静地进行思考，你才能真正地解决问题，战胜商场上那些不可逃避的困难。既然如此，我们为什么还要把自己的时间浪费在这些无聊的事情上呢？如果你能够仔细考虑一下心中的这些怨恨，你一定会发现，十有八九的恩怨都只是自己的想象而已。

"难道你们以为这仅仅是我的想象吗？"我想你一定会这样反驳道，"你的意思是说，一个人侮辱了我，说了我的坏话，还对我做了恶毒的事情，难道这些都是我想象出来的，而不是实际存在的事情吗？难道我就不能因为他们的这些所作所为而愤愤不平吗？难道我就不能够对他们'以牙还牙，以眼还眼'吗？你是不是觉得我就是一个软弱可欺的傻瓜?"我亲爱的朋友,刚才我之所以说那番话,其目的只有一个,就是希望能够在目前的状况下给你一些忠告,希望能够将你从商业生活中拉回到平静的日子里,让你不再为自己的生意所苦恼。但是除此之外,我还是坚持认为,在大多数情况下,那些让你怒气冲冲的理由,不过都只是你自己的想象,仅此而已。这里就让我来举个例子吧:

假如正当你和你的朋友一起散步时,又有一位伙伴加入到你们的谈话中来。当他离开你们后,你发现这个人的谈话内容对你和你的朋友产生了截然不同的效果。这些谈话的内容使你感到十分不快,虽然你表面上看起来很平静,像是没受到任何影响。然而,你的朋友却从你言谈举止间的变化中发现,其实你的心情已经深受这些言辞的影响。那么请恕我直言,在你朋友的印象中,现在的你已经成了一个容易怒形于色的人。从你的一些微小变化中,你的朋友可以看出来,刚才那位仁兄的话让你感到恼羞成怒,甚至是觉得受到了极大的侮辱。如果这时你的朋友说出下面这番话来,你一定感到十分惊讶。他说:"如果换成是我的话,我会认为布兰克是一个彬彬有礼的人。至于那些在你看来是他有意冒犯的话,我会把它当成是对我善意的提醒,并且会立即对他表示衷心的感谢,感谢他对我的莫大帮助。"也许你并不会对朋友的这番话感到诧异,反而认为他是一个卑鄙小人,或者是一个表里不一的伪君子。但是,如果你能够撇开这些个人情感,按照一般人的常识仔细考虑一下,你就会发现，假如你总是认为别人的评价是在针对你、冒犯你，而与此同时，你的朋友却把它当成是积极的批评，认为这能够促使自己不断进步，那么通过这个简单的比较，我想你一定会发现，其实以前自己一直是在自寻烦恼。一方面，你的朋友积极看待问题；而另一方面，你却把事情看得十分严重，从来都不会往好的方面去想。那么总有一天，当你经历了精神上的磨练后，便会痛下决心，决定不再为了那些鸡毛蒜皮的小事而自寻烦恼，决定从今往后积极地面对生活中的任何事情。

一旦你开始按照这样的形式做某件事情，久而久之你就会发现，这种做法实际上轻而易举，无论在任何情况下，它都可以顺利完成。随着你这样做的次数越来越多，它对你来说就会变得越来越容易。因此，即使现在这件事情对你来说十分困难，但是只要你如此反复进行下去，将这种锻炼坚持到底，那么最终你会发现，其实这样做起来很容易。如果你能够做到这一点，你就会变得更加乐观，并且能够正确地对待那些自己曾经认为可憎可恶的事情。

为了获得精神上的平静，除了进行意志上的磨练以外，还有什么其他方法可以让我们达到更高的精神境界呢？对于那些阅历丰富的人来说，他们完全有能力而且十分乐意为我们提出一些振聋发聩、行之有效的忠告。根据他们长期积累的丰富的商业经验来看，许多人都赞成以下观点：没有什么比基督教《圣经》中的道德准则和行为规范更能对我们的行为进行指导，让我们克服从商过程中的困难，带领我们走出事业上的迷宫了。如果你因为他人对你做出的事情而感到愤怒，并且执意要对他们进行打击报复，正如你自己形容的那样，要对他们"以牙还牙，以眼还眼"，那么你永远都不会变成一个善良友好、宽容体贴的人，而这些品质，却是你作为一个商人应有的素质。如果你不能公正地对待那些冒犯自己的人，那么你至少也要公正地对待自己。在你准备进行反击之前，首先要确定那些人是否有意要冒犯你，而你自己准备做出的行为是否有根据可循。如果你非要睚眦必报，那么，没有人会认为你的这种行为是一种高尚的做法，我想就连你自己也不会这样认为。总而言之，我们要以德报怨，以德服人。年轻的朋友们，你们曾经尝试过这种做法吗？如果没有，那么请你开始学着善待他人。这样的话，不久以后你便会发现，这种行为不仅可以软化那些冰冷坚硬的心，而且还能够帮助人们冰释前嫌，化敌为友。

另外，你还可以试着反过来想想，学着用逆向的眼光去看待这个问题，把自己放在明处，把假想中的敌人放在暗处。假如你光明正大、言行正直，那么他反而会觉得你的所作所为是在针对自己，由此给他带来种种烦恼，而并非是让你自己感觉痛苦。也就是说，现在假设这种情况反过来，是别人开始对你所说的话产生了误解，那么你对这样的感觉作何评价呢？如果你总是觉得这个人居心叵测，并且做了很多对不起你的事情，那么一旦你想到他，就会想到他冷漠的眼神。反之，如果你能够真诚友善地对待他,那么此时此刻,他在你的眼中就不会像从前那样面目可憎了。

也许另外一些人会对此事持有不同的观点,他们认为,对待那些冒犯的行为,我们应该奋力还击。然而,不论在什么情况下,如果你真的这样做了,那么这不仅不会给你带来任何好处,而且还会为你增添不必要的精神烦恼。如果你能够换一个方式去处理,那么你就会发现,自己从中学到了一些更有意义的东西,而这些东西只有那些意志坚强、敏锐善察、老于世故的人才拥有。如果你能够做到这一点,即使是真正面对他人的恶语中伤或者肆意诋毁,你也一定会不乏成熟地答道:"嗯,是吗?某某先生是绝对不会说我坏话的,对于我的名声,他比我自己还要珍惜,因此我就像相信自己一样相信他。"

要知道,不是所有让你痛苦的话都是造谣中伤。也许有些话对你来说的确尖锐逆耳,但是从某种意义上说,这些话却可以让你看到自己身上的缺点和不足,成为你改正自己的意见和建议。从我的经历来看,不只一个人曾经表达过如下见解,那就是"我们可以从敌对一方学到很多有用的东西"。这才是最为明智的做法,因为他们总是能够从那些意想不到的地方发现一些有价值的东西。对于一个乞丐来说,虽说金钱能够让他们衣食有着,但是倘若你扔一大把银币过去,这绝不是什么礼貌的行善方式。如果有些乞丐因为钱币上的泥巴,或者因为有钱人的粗鲁,而拒绝接受这些施舍,那么我相信,大部分人都会觉得他们的做法愚蠢至极。同样，对待那些无意冒犯的语言，我们也应当如此。在面对它们的时候，我们不应该图一时的心里畅快而去进行反击，与此相反，我们应该把它们看成是上天赐予我们的巨额财富。

总而言之，我想要说的就是，不要斤斤计较他人的冒犯之举，因为这样只能给你的内心带来更多的烦恼和痛苦。对于这一点，我更喜欢一位朋友那种简单的处理方式。他总是这样说，"我从来都不会生气。无论是出于我的天然性格，还是出于我的自尊心，我都不好勃然大怒，因为我不愿意去伤害别人，同时也不希望别人伤害自己。我更希望自己能够对别人产生好感，就像我相信他们也会同样对待我一样。如果他们没有这样做，这并不会让我损失什么，反而只会对他们自己造成损失。对我来说，生气只能使事情变得更加糟糕，所以我没有理由让自己大发雷霆，更没有理由让自己承受痛苦的后果"。

虽然这似乎是一种"堂吉诃德"式处理困难的方式，但是我却可以负责任地说，这也是最为行之有效的处理方式。如果你能够按照这种方法坚持半年，那么我想你也一定能够再接再厉，继续坚持一年，并且至此往后，将自己的好脾气一直保持下去。

第41章
妥协并不等于失败

成功的商人,都应懂得以最小程度的妥协换取最大目标价值的实现。这个世界并不是掌握在那些嘲笑者手中,而恰恰掌握在能够低头妥协不断往前走的人手中。当然,我们所说的妥协是适度妥协,而不是没有原则的妥协。

"周到"这个词语在英语里面包含很多层含义,我们的日常生活也有很多地方都和它息息相关。但是在这一章里,我们所关心的仅仅是这个词字面上的意思,而是它内在的含义。令人遗憾的是,在平日里,我们已经很少能够感觉到这个词语的存在了。只有那些亲切和蔼的人,才真正地善于为他人考虑。如果读者们能够自己思考一下,你们就会发现,一个能够处处为他人设身处地着想的人,首先应该具备完善的思考能力。因为一个人只有能够考虑周全自己的事情,才能够考虑周全他人的事情。因此,对那些与我们有生意来往的人,我们一定要做到处事认真、友善以待,尽量周全地为对方着想。

　　其实,为他人着想可以有多种多样的表现形式。但是,如果你是一个反应迟钝、从不为自己考虑的人,或者是一个自私自利、从不为他人考虑的人,那么你基本上就不会去帮助他人。你可能一贯奉行如下的行为准则:"除非预计好的事情即将发生,或者已经得到了某种证实,否则你绝不会把它告诉任何人。即使你心里十分清楚,这些事情会给他们带来痛苦,或者会伤及他们的自尊心,你也不会事先提醒那些与此事有关的人。"既然你不愿把自己开心的事情与你的伙伴分享,那么你为什么不能给予他们告诫,提醒他们那些可能会带来痛苦和不安的事情呢？

　　大多数到了中年或者已过中年的人，一定都曾有过这样的经历：他们经常会因为那些所谓"坦诚直率"的朋友说出的讨厌话语而感到十分不快。在这些朋友当中，有些人之所以直言不讳地说话，是因为他们本就是口无遮拦的性格，而另外一些人并非如此，他们则是故意惹人不快，在与他们的谈话中，你似乎可以明显感觉到他们是在有意与你为难。不幸的是，在我们周围，的确有些人或多或少地有这样的坏习惯。虽然他们为数不多，但是他们的这种行为甚至已经发展成了一种精神疾病。他们总是乐此不疲地伤害别人，总是眼睁睁地看见别人痛苦才会感到快乐。这些人看似是坦诚直率的朋友，但每每向你讲述你所关心的事情时，却好像总是有意要让你从中感觉到痛苦，似乎只有看到你痛苦，他们才能快乐。然而在绝大多数情况下，他们所说的这些话，除了能够带给你痛苦以外，其他一点价值都没有。更让人费解的是，这些人日复一日地沉浸在这种病态心理中，对他们来说，似乎只有这样才能证明自己的价值。真是一群生活在文明世界里的野蛮人啊。实际上，归根结底来说，我们在日常生活中之所以会出现这种错误行径，大部分都是由于自己没能注意同别人的讲话方式，没有选择合适的交流方式所造成的。

　　善于设身处地为他人考虑，这一优良品质不仅是这一章的主题，也应该是商人在从商过程中的主题。如果没有了这一点，我们在商业生活中将会产生难以想象的痛苦。要想做到善于为他人考虑，那么你首先就应该做到多加注意自己身边的细节，把问题的各个方面都考虑清楚，然后再决定自己的看法。如果和任何人交往时你都能做到这一点，能够一直保持着一颗仁爱之心，那么刚才我所说的话一定会对你有所裨益。我们完全有理由相信，它不仅能够让你积极地去思考问题，而且一定能够帮助你获得事业上的成功。

作为一名年轻商人，我们必须了解自己急需学习的一门课程：我们应该在什么时候、什么情况下、通过怎样的方式进行让步。对于这一点的学习，开始得越早，效果也就越好。不过，即便道理如此，但实际上想要做到这一点也不是什么容易的事。有些人不管怎样努力，仍然难以学会宽以待人的行为方式。当实际情况要求他们必须作出让步时，他们仍然难以作出正确的选择。不过，我们要明白，之所以会出现这种情况，是因为他们的内心存在抵触情绪，他们自身的某些不妥做法甚至不会让他们感到任何不安。当大多数人都希望自己能够宽以待人时，他们却不想为了别人作出任何自我牺牲。

显然，与这些毫无意识的人相比，还有些人生来就性格宽容，善于体谅他人。他们拥有常人所不具备的直觉，知道自己应该在什么时候、什么情况下，以什么方式礼貌地对他人的意见和建议进行妥协。不论处在什么样的环境下，他们都能够从容面对。当需要向他人作出让步的时候，这些人给人的印象大多都是机智干练、落落大方的形象，这一点尤其重要。反之，有些人给人的感觉却恰恰相反,他们总是有意违背上述行为准则。

对这些不懂宽以待人的人来说,他们不仅头脑冥顽不灵,而且不思悔改。就像他们经常说的那样,只要自己知道自己在想什么就可以了。这些人总是喜欢言辞含糊地向他人透露一点点自己的想法,而不是以礼貌宽容的方式与他人进行交流。如果这一点点想法就是他们全部思想的话,那么对于他们的听众来说,没有接受这些人的全部想法反而是一件好事。

值得注意的是,冥顽不灵、顽固不化绝不等于意志坚定。如果我们这里说的是那些高尚的行为准则或者道德法律,我们必须坚定地予以坚持,不能作出任何妥协或让步。然而,在经商过程当中,许多时候都需要我们作出一些让步,但这并不会违背这些原则,或者伤害他人的自尊。

实际上,一些人把自己事业上的成功都归功于他们自发培养起的这种礼貌待人的习惯。在别人的印象中,他们总是不乏主见和胆识。从来没有人会觉得他们顽固不化,或者有可能违背处世原则。简而言之,他们的一言一行都是出于诚挚的心,他们心甘情愿向别人作出让步,同时乐意接受他人的任何建议。正是通过这种宽容礼貌的方式,他们给那些曾经与之打过交道的人留下了深刻的印象。在与他人相处的过程中,他们有一套自己的独特行为风格,他们不仅可以在交谈过程中很快抓住对方所谈问题的本质,而且能够在需要妥协的地方落落大方地作出让步,这些都足以说明他们值得信赖。在商场上，无论是那些有权有势的赞助商，还是普普通通的顾客，都会对这些人十分青睐。没错，他们的确受人爱戴。一般来说，能够获得成功的人，在很大程度上都需要凭借这种勇于让步、勇于认错的可贵品质。

如果你认为，因为自己向别人作出了让步，自己的自尊心就会受到打击，或者为了向他人妥协，自己的要求和标准就不得不降低，自己为人处世的部分原则也不得不抛弃，那么你就大错特错了。在经商过程当中，尽管有许多事情需要你作出妥协，但是我敢肯定的是，大多数情况都不需要你作出以上那些牺牲。因此，对我们来说，最为明智的做法就是：先试着从一些不太重要的商业活动、一般性的工作上开始，从诸如此类的事情上学习怎样向他人让步。如果你能在处理这些小事时游刃有余，那么当重大事件来临时，你一定能够圆满完成工作任务。如果你是一个头脑聪明的人，那么你一定会明确地知道，自己需要在什么时候、在什么事情上向他人作出让步。对于那些目光短浅的人来说，这种做法无异于一种盲从，但是只要你们能够明智地向别人作出让步，那么你们完全有可能成为商界的精英、团队的翘楚。

如果我们能够集中自己的精力，去做好这些看似微不足道的事情，那么我们就可以逐步培养自己处理大事的能力。尽管从表面上来看，我们是在被别人的意见牵着鼻子走，但是实际上，我们不仅能够拥有自己的想法，而且还能虑及他人的意见和建议。因为只有这样，你才能够真正成为商界叱咤风云的人物。

第42章 不要以小人之心度量他人

猜忌是思想的消化不良症，成见和偏见会蒙蔽自己的眼睛，将成功拒之门外。尽管这个社会并不十全十美，但是我们仍然没有必要将旁人都往坏处想。凡事都想想别人的好处，脚下的路就会变得越加宽广。

在所有的事物当中,对一个商人思考能力的最佳考验,莫过于在两个完全相对立的概念或选择中作出艰难的抉择。这些对立体往往各有优势,又各有缺点,即使我们反复权衡,最终仍然难以两全,必须要割舍其一。

在考虑利弊时,有关这一选择的观点往往针锋相对,每种观点看似都极为合理,于是我们在万难之中作出了最后的抉择。可是这一抉择在之后看来,又总是让我们后悔不迭,以至于我们总是认为,自己在当时所作的决定,简直是一种最为糟糕的选择。类似这样的事情举不胜举,不断地在我们的商务生活和工作中重复上演,而我们也似乎总是不得不在紧急关头进行选择。

举例来说,有人会劝你:"你一定要当心啊,如果你还不能证明对方是诚实守信的人,那么你就应当以对待小人的态度来提防他,否则你就会吃亏上当,还有可能损失惨重。"与此同时,可能也会有人这样对你说:"你应该大度一些,除非真的有人背叛你或出卖你,否则你就应当待之以礼,像对待所有忠诚守信的人那样对待他。"实际上,这两种观点都不完全正确。就像地球有两极一样,一切事物都有正反两个方面,它们之间既相互对立,又彼此关联,不能一分为二来看,也不能混为一谈。

生活中我们常会碰到一些猜疑心很重的人，他们整天疑心重重、无中生有，认为人人都不可信、不可交。这类人警惕性特别高，对周围所有的人都采取不信任、怀疑或者走着瞧的态度，而且这类人在考虑问题时，也总是朝着对他们有害的一面去想。至于他人的好意，他们有时候甚至会进行恶意扭曲，认为别人或者是自私自利，或者是图谋不轨。俗话说："疑人不用，用人不疑。"对于一名领导者而言，如果你总是对下属和同事充满猜疑，他们常常也会反过来歪曲理解你的善意和言行。原因很简单，不信任他人的人，也很难得到他人的信任。所以我们不妨敞开心扉，增加心灵的透明度，让彼此建立更为透彻的信任关系。猜疑往往是心灵自闭者为自己设置的心理屏障。只有敞开心扉，将心灵深处的猜测和疑虑公之于众，或者面对面地与被猜疑者推心置腹地交谈，让深藏在心底的疑虑彻底"曝光"，让心灵之间的透明度进一步增加，才能求得与同事、朋友之间的了解和沟通，才能增加相互之间的信任感，消除隔阂，获得最大限度的合作。

正如有位经验丰富的成功商人说的那样，在我们的生活中，至少有一半的挫折和麻烦都源于我们自身。对于这些无法预计的麻烦和挫折，我们每个人都有各种各样的解决办法，而综合来看，我们完全可以通过一个通用原则来避免和解决这些麻烦，那就是学会管理自身、提醒自己。在这一原则中，唯一我们可以控制的事情，就是避免养成胡乱猜疑的习惯。这就好比武器可以防备敌人，但同样也可能伤及我们自己一样，怀疑有时会保护我们免受他人的陷害，但利用不当或者发展过度，就会回过头来为难我们自己。

一个生性敏感、总是随便猜忌他人的人，往往会不记得上帝对我们的谏言。上帝曾经告诫我们说："不要以小人之心度量他人。"这句话的意思就是想要警醒我们，应该为人宽厚，善待他人。如果一个人一贯颇受猜忌，总是被人们怀疑缺乏诚信，直到有一天，他用自己的行动证实了自己的坦荡无私，那么，那些曾经对他满腹猜疑的人，一定会对自己之前的言行后悔万分。

如果我们想得到他人的信任和尊敬，首先应该从自身做起，放下自己对他人过分的怀疑和猜忌。古语说："己所不欲，勿施于人。"如果不想被他人怀疑为恶人或骗子，那么我们首先就应该避免无端地猜忌他人，这也是让我们颇为受益的处世之道。

第43章
礼多人不怪

事业成功的智者都懂得把握待人接物的技巧,而所有这些技巧的核心只有一点:诚心诚意地尊重对方。要成为一名成功的商人,首先需要具备与他人坦诚合作的能力,这种能力远比其他素质重要得多。诚心诚意,"诚"字的另一半就是成功。

如果说，个人礼仪的形成和培养需要靠多方的努力才能实现，那么，个人礼仪修养的提高关键就在于自己。个人礼仪修养是社会个体根据个人礼仪的各项具体规定为标准，努力克服自身的不良行为习惯，不断完善自我的一种行为活动。从根本上讲，个人礼仪修养就是要求人们通过自身的努力，把良好的礼仪规范标准化成个人的一种自觉自愿的能力行为。作为年轻商人，强调个人礼仪修养有着极为重要的现实意义。得体的商务礼仪不仅能展示公司企业的文明程度、管理风格和道德水准，塑造良好的组织形象，而且通过良好的企业形象，还能为企业增加无形资产，这无疑可以为企业带来直接的经济效益。一个人讲究礼仪，就会在众人面前树立良好的个人形象；一个组织的成员讲究礼仪，就会为自己的组织树立良好的形象，赢得公众的赞誉。一个拥有良好信誉和形象的公司或企业，就能很容易获得社会各方的信任和支持，就可在激烈的市场竞争中处于不败之地。所以，商务人员时刻注重礼仪，既是个人和组织良好素质的体现，也是树立和巩固良好形象的需要。

从某种意义上说，商务礼仪已经成为建立企业文化和现代企业制度的一个重要方面。

礼仪最基本的功能就是规范各种行为。商务礼仪可强化企业的道德要求，树立企业遵纪守法、遵守社会公德的良好形象。我们知道，道德是精神层次的东西，只能通过人的言行举止、通过人们处理各种关系所遵循的原则与态度表现出来。商务礼仪使企业的规章制度、规范和道德具体化为一些固定的行为模式，以此对这些规范起到强化作用。企业的各项规章制度既体现了企业的道德观和管理风格，也体现了礼仪的基本要求，员工在企业制度范围内调整自己的行为，实际上就是在固定的商务礼仪中，自觉维护和塑造了企业的良好形象。

良好的礼仪可以更好地向对方展示自己的长处和优势，同时往往也决定了机会是否能够垂青于你。比如，在一家公司里，你的服饰得当与否可能会影响到你的晋升与否，影响你与同事之间的关系的好坏；带客户出去吃饭时，你的举止得体与否，也许就决定了交易的成功与否。再比如，如果你在办公室做出某些不雅的言行，或许就会使你失去一次参加老板家庭宴请的机会。这些都只是源于一个基本原则——礼仪作为一种信息，一种外在与内在之间的沟通媒介，能够传达出尊敬、友善、真诚的感情。所以，在商务活动中，恰当的礼仪可以获得对方的好感与信任，进而促成业务合作，推动事业的发展。我们都知道，"金无足赤，人无完人"。在现实生活中，人们都在以各种不同的方式追求着自身的完美，寻找通向完美的道路。然而，只有将内在美与外在美统一于一身，才能称得上唯真唯美，才可冠以"完美"二字。加强个人礼仪修养是实现完美的最佳方法，它可以丰富人的内涵，增加个人的含金量，从而提高自身素质的内在实力，使人们在面对纷繁社会时更有勇气，更有信心，进而能够更充分地展现自我、实现自我。良好的个人礼仪是人际交往的"润滑剂"。因此，年轻人不仅应该在事业发展的初期就养成良好的礼仪习惯，克服各种不雅的举止，更不要让自己养成粗鲁浮躁、蛮横无理的性格，否则的话，不仅很难取得他人的信任，而且会丧失众多成功的机会。一个人想要获得事业上的成功，就应该学会真诚待人，这是商务交往的根本原则。因此，要想在商务活动中取得满意的效果，就必须坦诚相见、互相尊重。在接待他人时要做到言之有物、言之有序、言之有礼，同时保持谦逊的态度和友好的语气，这样才可能使商业交往达到预期的效果。

第44章

牢骚抱怨的人难成大器

遭受不公平对待时,满腹牢骚是无济于事的,要采取正面的态度,着眼于有益的事情。避免问那些"为什么"的问题,将焦点集中放在解决的方法上而不是问题的本身。如果你确实要负责任,找出导致犯下过失的原因,并从中学习。

如果一个人在遇到某种不公平的对待时，一直竭尽全力地忍气吞声、缄口不言，那么他就很难全心全意地投入到工作中去。当然，这其中的一些不公与委屈或许是真的，但有一部分则是完全出于自己的想象。可是即便如此，那些源于内心的真实想法，例如，不合理的解决方式，不公平的恶性竞争，恶毒的传闻造谣或者与之有关的种种现象，依然让人难以接受。尽管从表面上看来，这些现象似乎并不违反人们心中的道德准则，然而却足以扰乱一个人平和的心境。

诚然，即使在面对最令人烦恼的不公时，有些人仍然能够通过某种方式加以解决；而另一些人却并非如此，他们只会选择更加不公的方式来对待这些问题。就这些不公正的做法而言，有些人或许不以为然，甚至还表示乐意接受，因为从另一方面来看，它们似乎能为这些人带来某种能力上的提升。然而对于大部分人来说，如果不能把这些不公与委屈向他人倾诉的话，他们就会在这种长期的心理压抑下逐渐变得性格压抑、沉默寡言。对于那些在工作上遭受过不顺的人来说，他们经常会谈论自己所遭遇的不公平待遇，然而，即使他们所受的委屈是真的，生活的基本常识也会告诉我们：在公众场合不停地谈论他们所遇到的不公正待遇，这无疑是他们为自己做的最为糟糕的一件事。但是，对于这一尽人皆知的道理，他们却不甚了了。

对人类来说，不公正的待遇与随之而来的抱怨的确不可避免，但从本质上来看，这些会促使我们不断加快自身汲取知识的步伐。如果一个人没有过分自私自利，那么适当的自豪和自尊感就会让他对这些不公保持沉默。如果他们聪明持重、公平公正，那他们就一定能够在最终作决定时，积极听取另一方对于同一件事的不同意见。与此同时，那些不公与抱怨也会随之消失殆尽。毕竟，这些只是人类天性的一个方面，对于那些喜欢散布谣言的人来说，这是一个不太完美的方面；但是对于那些时常自我反思的人来说，要他们在遭遇不公和忍受抱怨之时，还能设身处地为对方着想，并且保持双方利益均衡，这的确是一件十分困难的事。而且从实际上来看，很少有人能够试着用这种方式来处理问题，所以他们便会采取一种更加行之有效的方法，那就是首先宣布自己是对的，至于他们所称的敌人，理所当然是完全错误的。

但是既然错误已经犯了，我们就要心平气和地去接受。如果你自身不乏高尚的品质，那么你就会自觉远离错误的做法。然后，你可以把自己犯下的错误告诉你的家人。这样一来，你就不会再把自己的错误归结于他人对你的不公，一旦你能够从自身找出错误的真正源头，你就能真正改正自己的错误。

除此之外，这样做的原因还有一个。如果你能够做到适可而止,而不是反反复复向他人抱怨你所遭受的不公正待遇,那么对于听者来说,如果他们曾经遭受过同样的不公,并且在聆听你的话语时有所触动,他们就会对你表示由衷的支持与同情,甚至有可能给你一个工作上的机会,从而帮助你扭转自己的不利局面。如果真的出现这种情况,你就应该铭记你们之间的友情,对他人赋予你的信任和仁慈心怀感激,做到投之以桃,报之以李。

第45章 慎选合作伙伴

选择商业合作伙伴时,在开始时要尽可能多地先了解对方,了解其性格特点、行为风格、品德素质等等,谨慎选择。当然,最终抉择不仅取决于对方是个什么样的人,还要取决于对方是否是适合你的人。

即使是那些商业经验极为丰富的人，也都一致认为，对于一个人来说，首先把问题考虑清楚，并在此基础上作出正确的决定，做到这一点并不容易。

这其中的原因是不言而喻的。在大部分情况下，就商业中的经济问题来说，我们可以采用某种固定不变、明确具体的原则来进行衡量判断，凭借这些原则，我们就可以知道，自己制订的计划以及最终的决定是否合理。尽管有些人不愿意按照这些原则做事，但它们的确是商业生活中的不二真理，其价值不容忽视。如果谁要敢于违背这些原则，那么他就一定会受到无情的惩罚。对于想要解决这类问题的人来说，我们需要做的就只是告诉他们，必须要遵循这些商业原则。只要他们照此行事，那么他们就一定能够作出正确选择。关于这一点，我们在这一章里就不再赘述。

但是，就商业合作伙伴这个问题来说，就要相对复杂得多。我们要面对的人或事总是千变万化。我们没有一个固定的标准来衡量，也没有一个明确的原则去参照，因此，要处理这样的问题就显得相当困难。在这个问题中，存在着太多不确定的因素，这些因素不仅是我们难以把握和掌控的，而且其自身的重要性也会时常发生各种各样的变化。我们不可能在对几个人有所了解之后，就同时了解了所有的人，因为我们必须有足够的时间和精力，才可能与另一个人融洽相处。也就是说，我们很难在短时间内对一个人的性格做到充分了解，所以我们很难立即作出正确的决定。很显然，对于结交合作伙伴来说，这个问题我们很难轻易解决，因此只有通过某种捷径，暂时先回避这些问题。但是，即便如此，这些问题仍然会原封不动地待在那里，当我们在经商过程中需要与商业伙伴交流之时，这些问题仍然会成为通往成功的障碍。迄今为止，人们总结出的规律就是，在结交合作伙伴这个问题上，没有一条放之四海而皆准的原则可以去遵循。换句话说，我们只能接受这个现实，而后根据各种具体情况找出最适合的方法，尽自己最大的努力去把它做好。

对于同样一件事情，如果在不同的环境下换一个人来处理，那么大家解决问题的方式也会截然不同。对于人们共同关心的问题，一些人觉得自己的想法是最好的解决方法；而另一些人在经过一番深思熟虑之后，可能会认为这种方法的可行性和成功率并不大，因此坚决抵制这种方法。两者之间的争执可能会愈演愈烈，最终导致矛盾激化，双方各执一词、互不相让，最终甚至有可能关系破裂、分道扬镳。事实上，就争执双方而言，不仅不应该做出争吵这种行为，更不应该做出更加恶劣的行为。实际上，我们身边每天都会有各种各样的争执发生，如果我们不处理好这些争执，它们就会破坏我们与合作者之间的友谊。我们应该明白，要想和别人真诚合作,我们就不能欺骗或者嘲笑我们的合作者,更不能卑鄙地给他们设下陷阱和圈套。否则,这种做法不仅会给我们带来经济上的损失,还会让我们的事业最终功亏一篑。因此,年轻的朋友,你们一定要抓住机会,找到自己真正的合作者,因为只有他们才能给予你最有力的帮助,在通往成功的道路上助你一臂之力。

在人的一生当中,几乎所有的商人都会问到同样一个至关重要的问题:我究竟是否真的需要他人的合作?如果想要找到这个问题的答案,那么回答者必须首先思考一下,自己的成功是否与这些人有关。一方面,许多事业有成的人士都把自己的成功归功于他们的合作者;而另一方面,也有少数人在回顾了自己的商业历程以后,会把自己事业上的失败归咎于自己的合作者。那么在这个问题上,究竟孰是孰非呢?

首先,我们要问的是,什么才是合作伙伴关系中的首要准则?当然是"互利互惠"。那么第二、第三准则呢?同样还是"互利互惠"。因此,在回答这个问题时,我们奉行的所有原则就是,要做到合作伙伴之间"互利互惠"。诚然,要想解决合作伙伴之间的问题,或许还需要其他的准则去参考,但是我们应当明白,其他的原则都应该是建立在这个大原则的基础之上的。只要我们简单思考一下"互利互惠"这个原则,我们就会发现,这其中包含着很多深意。在本书中,我们可以找到很多这样的例子,接下来,我还会就此作出进一步阐述。

在我们的生活中,另一种最为重要的伙伴关系就是婚姻关系。在婚姻关系中，我们首先会考虑伴侣是个什么样的人，同样，我们在选择商业伙伴时，很大程度上取决于自己想找一个什么样的合作者。比如说，我们在选择婚姻伴侣时，首要因素通常都是对方的品质，或者对方是否能够与自己终生相守。然而与此不同的是，在选择生意伙伴的时候，我们每个人往往各有各的目的，这些选择的标准也各不相同。因此，一个人选择商业伙伴的方法，并不一定比其他人更加明智、更加合理。由此可见，我们必须综合多方面因素，尽量全面周全地考虑这个问题。当我们准备选择自己的合作伙伴时，一开始就应该小心谨慎地决定，多方面去了解，以免以后由于两者价值观不同而发生冲突。即使这些冲突能够暂时避免，但最终必然会爆发出来，那么我们至少可以按照上述原则，来减少这一矛盾冲突的激烈程度。对我们来说，最明智的方法就是要选择一个适合自己的合作伙伴，虽然这种选择或许会让你感到为难和痛苦，但是这个选择的过程却绝对不能忽视。

在选择合作伙伴这个问题上，几乎所有老商人都一致认为"万事开头难"这句话说得极有道理。事实的确如此，总有许多年轻人在看待商业伙伴之间的友谊问题时，用一种随随便便而又不切实际的眼光。在商场上，他们很容易在不经意间接触过几个人之后，就被这些人身上的某些闪光点所吸引，或者由于对方偶然表现出的优雅态度，就付诸他们最大的信任，认为他们就是自己真正的朋友。即便在日常生活中，我们仍然能够经常看到"两个人一见钟情,最终有情人终成眷属"的情况,但是就商业上合作伙伴之间的友谊来说,情况往往不会这么简单。在任何一次商业会议上,我们都有可能在不经意间认识很多人,而在这些人当中,真正能够与我们同甘苦共患难,并且最终成为我们真正的朋友的人,实在是寥寥无几。俗话说"路遥知马力,日久见人心",这句话同样适用于商业上的合作伙伴。因此,在结交合作伙伴的时候,我们应该放慢脚步,谨慎而行。

无论在什么情况下,如果一个人不知道自己想要结交什么样的商业伙伴,不想去承担自己与合作伙伴之间应负的法律责任,或者不注意选择合作伙伴的性格,那么他将来一定会为自己的轻率行为而懊悔不已。当今社会人心不古,我们有必要确保自己选择的伙伴是一个值得结交的朋友。否则,等到将来酿成大祸,就悔之晚矣。匆匆忙忙或随随便便与他人结交朋友,这种行为非常危险。而在我们消遣休闲的时候,这种情况大有发生,因为只有在这些时候,我们才有机会和一大群人接触。然而,娱乐可以带给我们欢乐,但它同样也会消耗我们大量的宝贵时间,因此,这种娱乐恰恰是需要我们摈弃的。最明智的消遣方式应当是有益于我们身心健康的活动,如果让吃喝玩乐成为自己主要的商业应酬,或者占据自己太多的工作时间,那么我们宁愿抛弃这种方式,不在这种场合下结交任何商业伙伴。

由此可见,关系持久的友谊都是逐渐形成的。拥有这种友谊的伙伴,通常彼此在很早的时候就结识了,他们可能从小就在一起学习，一起玩耍，一起进步。有了这些共同的经历，他们彼此之间早已有了深刻的了解。如果这两者都能拥有健康向上的生活态度，那么他们就可以长期维系这种良好的友谊关系，为了共同的目标而努力奋斗。正因为如此，从商场上看来，只有那些在年轻时就彼此欣赏的人，才能够拥有持续时间最长、最值得称道的友谊。

就像这个世界上存在着基于利害关系而建立的"权益婚姻"一样，商业上的合作伙伴也可以形成相似的关系。一个看上去头脑聪明却身无分文的人，能够和一个不够聪明却实力雄厚的人形成某种合作关系，而且在我们的商业活动中，这种合作伙伴关系极其常见。但与此同时，我们不得不说，这种合作关系是一种相当危险的关系。如果有钱的一方是个慷慨大方的正人君子，或者是一个基督式的绅士的话，那么这种生意组合——一方是聪明人而另一方是有钱人——将会相处得十分融洽。但是，如果我们得知这些生意伙伴背后的故事，揭开他们相处的神秘面纱，我们将会发现，这种合作关系实际上并不那么简单，也不像我们想象的那么美好。在这种关系里，拥有聪明头脑的一方处于极大的危险之中。除非拥有权势的一方是一个易于相处的人，否则聪明的一方就很难诸事顺遂。因此，在这种关系下，我们就应该做到处处公平，凡事多为对方着想。这里需要强调的是，那些自认为头脑聪明的人，千万不要因此就变得自命不凡。如果你不经意说出一些让对方不快的话来，那么他就会以同样的方式回敬你的无礼举动。如果你的合作者是一个喜怒无常的人，那么他就会对你感到失望，认为你们之间的合作"物非所值，得不偿失"。有些聪明的年轻人会认为，如果自己不能结交那些富有的合作者，他就不会获得成功，或者获得成功的过程必然会十分漫长。这种想法实在是太过愚昧。无论如何我们都应当懂得，只有通过自己的努力获得的成功，才是最有尊严、最为可贵的成功。当你明白了这一点，你就会改变上述悲观的想法，开始依靠自己的努力奋斗，去创造属于自己的美好明天。

但是，假如我们已经形成了上述那种生意伙伴关系，甚至令人遗憾的是，在这一合作关系中，无论是哪一方都感到十分不快，那么我们该怎么做呢？其实这个问题很容易解决，我们只用一句话就可以回答，这句话不仅简明扼要，而且行之有效，那就是前文提到过的"互利互惠"原则。无论在什么情况下，我们都应该坚持这个原则，只要我们能够把它付诸实践，那么我们就会看到立竿见影的效果。也就是说，越早运用这个商业上的金科玉律，它对我们生意上的裨益也就越多。因此，如果我们与合作者之间的关系不幸发展到上述情况，那么我们一定要严格遵循这条行为准则。

在合作初期，虽然合作者之间不会产生过多的分歧，但是，如果我们不能在这个时期完全消除彼此的隔阂，那么这种人与人之间的性格差异，或者彼此相互隐藏的不满情绪，最终就会变得一发不可收拾。甚至更为严重的是，合作双方可能会变得越来越吹毛求疵，故意刁难对方，想方设法谋取私利。之所以会出现这种情况，主要就在于我们自己的心态产生了问题。那么，就此看来，如果我们想要克服这种现象，首先就必须要调整好自己的心态。只有不断地进行自我反省，才能抓住解决问题的关键所在。而要做到这一点，我们仍然需要坚持"互利互惠"的原则。这个原则的强大之处就在于，我们越是尽早、越是频繁地对其加以使用，它对我们事业上的裨益也就会越来越多。因此，年轻的朋友，你们不妨大胆地去尝试一番。"只要有付出，就会有回报"，如果你们能够记住这一点，那么你们一定很快就会品尝到它所结出的硕果。

第46章

施总要比受更有福

帮助别人就是帮助自己,付出越多,才能收获越多。利人之举,常常也是利己之事。有的人常常抱怨生活中的种种不平,因而不愿付出,但万事皆有因果,如果没有付出,又怎么能指望获得他人善意的回报呢?

如果要用一个准确而又通俗的词汇来概况本章的话题，那么这个词就是"棘手"。对于那些处在困境中的人们，我们应该"授之以渔"，而不是"授之以鱼"，也就是说，应该教给他们赚钱的方法，而不是直接向他们施舍财物。但是，那些经常借钱给别人的人却认为，对于大部分暂时身处困境、需要经济帮助的人们来说，他们更应该得到金钱的救济，而不是其他间接的帮助手段。因为，在通常情况下，这些人都急切地希望有人能够挺身而出，在这种时刻拉他们一把，帮助他们跳出生活的泥坑，而在此之后，他们就可以依靠自己的力量，迅速步入正途。

从表面上看，财富能够为我们带来美好的生活，但与此同时，它其实还会给我们带来许多烦恼。在有钱人遇到的所有情况中，几乎没有其他情况比"需要借给他人钱财"这种情况更让他们感到难以处理了。这些需要向他们借钱的人，往往都处于进退两难或走投无路的境地之中，因此他们十分需要资金进行周转，否则就只有绝路一条。他们会向你讲述自己的情形有多么不幸，现在的形势是多么严峻，然而归根结底，他们始终都会明白无误地向你表达一个观点，那就是：只有金钱才是唯一能够帮助他们摆脱困境的方法。关于这些人的真正意图，就连那些刚刚明白事理的小学生，都可以轻而易举地弄清楚。当你告诉他们你可以借钱给他们时，他们的脸上就会露出满意的笑容；但是，当你告诉他们你会用别的办法帮助他们渡过难关时，他们就会显得郁郁寡欢，脸上写满失望的情绪。要知道，借钱给他人和放高利贷是两个完全不同的概念。借钱给他人是一种善行，而放高利贷者则是通过发布新闻和广告的方式，引诱人们来向他们借钱，然后从中谋取私利。如果你向高利贷者借钱，那么很可能永远都还不清债务，即使你侥幸逃脱他们的追缠，也难以重获生活的自由，因为放贷者一定会想方设法把你榨得一干二净。这就像是那些放贷人故意撒下罗网一样，随时随地等着那些放松警惕的鸟儿落入他们的圈套，一旦有猎物送上门来，他们就会不断收紧网口，直到它们变得奄奄一息。

较之于放高利贷者，那些笃信基督的出借者的做法却完全不同。他们既不会在自己的伙伴受苦受难时落井下石，也不会随随便便违背自己的承诺，更不会让自己变成一个可耻的放高利贷者。

很多经常向别人借钱的朋友可能会感到非常痛苦，因为那些向他人借钱的人当中，大多数都很少有能力还债。诚然，我们不能够就此以偏概全，怀疑所有借钱者都是用心险恶的小人。在借钱的人中，也有人能够按时还钱。正是因为这些人的存在，我们就不应该对所有向自己借钱的人捂紧口袋。

在通常情况下，更准确地说，"借钱给别人"这句话应该是"给别人捐钱"。对于有些借钱的人来说，他们更喜欢把"别人借钱给自己"这件事情看成是"别人捐钱给自己"。我们从"很少有人还钱"这一事实中就可以清楚地看到，大多数借钱的人都对此持有相同的看法。

在这个世界上，我们必须要面对很多事情，而上面这一事实就是我们不得不面对的丑陋现象之一。虽然我们在第一次碰到这种情况时，会感到难以置信，但是事情发生了第一次，难免就会有第二次。一旦这样的事情发生过几次之后，我们或许就会对此习以为常了。

虽然上述问题经常摆在我们面前，但我还是坚持认为，我们应该积极给予别人帮助。正如《圣经》上的《箴言》所说，"施总要比受更有福"。因此，当有人向你借钱时，你不要犹豫不决，或者果断拒绝，因为还有许多向我们寻求帮助的人，是真正值得我们帮助的人。不要担心他们借了钱之后就不还了，更不要害怕他们在借了钱之后就和你一刀两断，甚至反目成仇。请你记住，这样的人仅是借钱者中的少数，实际上，还有很多人愿意竭尽全力甚至倾其所有来还钱，愿意永远铭记你对他们的恩惠。如果你遇到的是这样的人，而你却没有借钱给他们，那么你是不是会感到后悔呢？从这个角度来看，《圣经》上所说的"施总是比受更有福"是完全正确的。

对于借钱这件事，借出者和借入者都应该努力去做好以下这几点。一方面，对于那些向他人借钱的穷人，借出者要采取正当有效的方法，认真对他们进行调查，了解他们的底细，弄清楚他们是不是行为正派的年轻人,并且了解他们穷困潦倒的原因,确定他们之所以一贫如洗,并非是由于他们自己生活委靡造成的;另一方面,对于那些需要借钱的穷人来说,最明智妥当的做法就是,要表示出自己的决心和诚信,保证一定会竭尽全力按时归还。当我们尽可能地把钱借给那些需要帮助的人们时,我们必须抱着"借给他们钱财实际上就是施与他们钱"的想法。因为一旦把钱借出去,我们就不要一心地期盼或催促他们立即还钱。对于那些非常贫穷,或者正在艰难的经济环境里挣扎的人们,我们应该尽量往好处想,要相信他们人穷志不短,相信他们也能像其他人一样拥有高尚的品德,相信他们正在为摆脱贫困而努力奋斗。对于他们来说,尽管我们借出的资金数目微不足道,但是在他们眼里,这些财物无异于雪中送炭,能够解他们的燃眉之急,甚至救他们于绝境之中。也许我们不需要付出太多钱财,就能够帮助这些挣扎在温饱线上的人们,让他感到幸福温暖。从这一点来看,无论是对你自己,还是对那些穷人来说,借钱这件事都是有益而无害的。我们可以经常想一想耶稣说的这句话:"施永远要比受有福。"我们今天的美好生活就是上帝赐予我们的,是他无私地把上天美好的东西施与我们。他还经常这样说:"你对我的子民们做善事,就相当于在回报我。"有鉴于此,就让我们义无反顾地向他人伸出援助之手吧。

第47章 借债是不幸的开始

富人成功的秘诀就是：没钱时，不管多困难，也不要向他人开口借钱，压力会化为动力使你找到赚钱的新方法，帮你摆脱困境，而负债的经营往往是被动的开始。这是个好习惯。习惯往往就决定了成功。

上一章我们讨论了借钱给他人的问题，接下来我们要讨论与此相反的问题，即向他人借钱。谚语说，借债是不幸的开端。对于这个观点，我相信大多数人都会持肯定意见。

事实上，很多人在第一次向人借钱时，并没有意识到这将是不幸的开端。有些人将自己视为上帝的仆人，一直兢兢业业地勤劳工作，尽最大的努力自力更生。这些人会在自己条件允许的范围内帮助他人，他们坚定地相信，给予比获取更为高尚。这样的人往往都心地善良，乐观豁达。他们的内心安宁而满足，在上帝面前，他们可以坦然地面对自己的言行举止。他们和莎翁笔下的警吏道格培里一样，虽然曾经遭遇不幸，但有一点和道格培里不同：在面对挫折和失败的考验时，他们选择默默承担，毫无怨言地面对借钱者。这样的人往往会怜悯让步，即使是有人出现了欠债不还的情况，他们宁愿自己遭受损失也不着一言。

可是，世界上还有另一类人，他们给自己定下规矩，对于那些上门借钱的人全部一口回绝。只有在少数情况下，他们才会出现例外，也就是说，当他们确信自己的钱借出去不会让自己蒙受损失，才会答应借给他人钱财。他们会一笔笔记下这些借款，确保自己不但不遭受损失，反而有可能赢得利息。这些世故老练的商人，他们的内心冰冷坚硬，他们借钱就像放高利贷一样锱铢必较。对于借款者来说，这些人往往比职业放贷人更加危险和残忍。当一个急需钱财的人去找职业放贷人借款时，他们无异于自愿进入放贷人的罗网，在这种情况下，他们至少会对自己即将面对的结果有个清醒的意识。可是，当他是找某个私人借钱时，而这个人正是那些世故老练的狡猾者，这就无异于借钱者在浑然不知的情况下，一步一步走进危险的陷阱。显然，与前者比起来，后者的危害要大得多。

不过，如果我们能够对人性有些浅显的认识，或者对基本的商业模式有所了解，也许我们就能拯救自己，避免落入冷酷无情的放贷者们的魔爪。

当然，至于在什么情况下向人借钱才是合理的，这一点我们很难界定。因为这其中涉及太多细枝末节的问题。我们只能说，根据经验看来，向人借钱的相当一部分人，都可以通过更加认真和谨慎的经营，通过长期而稳健的管理，来避免产生任何债务。

退一步说，如果借债者是因为自身原因而向他人借钱，那么，这样的人究竟有什么资格向他人伸手借钱，这就很难说了。对于这样的借贷者，除非他们下决心能做到以下两点，否则他们就没有权利找人借钱。首先，他们应当小心谨慎地运用自己的资金，缩减开支，避免浪费。他们的管理和经营都应以节约为原则，做到克勤克俭。其次，他们应当准时归还所借金额。我们都清楚，有些人只要一有机会，就开口向他人借钱，但是却闭口不提还钱的期限和时间，这些人在借钱的时候，根本就没有偿还的打算，更甚者还可能在花光贷款人的钱财后，随时准备销声匿迹。所以，这样的人根本就没有资格得到人们的再次帮助。

借钱未必是万恶之源，也未必就是悲剧的开始。但向人借钱的确会降低自己的道德地位，尤其对于那些自尊心很强的人来说，借钱更是一个痛苦的过程。总而言之，借钱的人会背负沉重的心理压力。

总的说来，借钱这件事总会让人觉得难以启齿，所以人们最好永远不用承担借钱的压力和苦恼。即使非得借贷不可，也要尽量减少数额。对于年轻人来说，不妨在从商初期就下定决心，不到万不得已坚决不借贷。令人高兴的是，在我长期经商的过程中，我所结识的那些人，只要能够合理运用自己的资金，认真管理自己的生意，严格控制自己的开支，几乎都能避免向他人借钱的状况出现。如果他们真的身处困境，感到自己确实需要借钱，这时，他们也总是能够继续坚持一下，然后凭借自身的力量渡过难关，避免向他人贷款。这对我们来说不失为一种激励。因此，不到万不得已，我们最好不要向人伸手索要钱财。除非是真的到了山穷水尽的地步，所有的方法都没有任何效果时，我们才可以考虑借钱的问题。

如果你身处窘境，除了借钱毫无他法，已经到了万般无奈的情况，那也最好选择一个心地善良、待人宽厚的放贷人。如果你善于观察,并且最终能够找到这样一个正直善良的放款人,那么在你归还债务的时候,你就会轻松许多。即便如此,一般情况下我们还是建议,尽量独立渡过难关,避免向他人借贷。借债是不幸的开始,这句古话其实不无道理。

第 48 章 批评是一门艺术

批评他人时常会导致双方陷入尴尬两难的境地。实际上,真正让人"出口成错"的不只是用错词,而是选错场合、选错时机、选错表达方式……错话一旦说出口,事后花再多力气也未必能弥补。批评,不只是说话那么简单,而是一门精巧的艺术。

身为员工，总是难以避免来自上级的训斥和指责；而身为雇主，在员工们看来，最擅长的事莫过于苛责和批评他人。一位业界大师曾经在描述员工与老板的关系时提到，批评与被批评，苛责与被苛责，实际上包含了商业界的因果循环关系，那些曾经备受责难的下属一旦晋升为领导者，就会将自己曾经受到的委屈和痛苦转而施加给自己的下属，周而复始，循环往复。在他看来，这种循环天经地义，无可厚非。然而，这显然不是领导与下属间最理想的关系状态。

在我所了解的所有商业活动中，确定在什么时候、用什么方法、在什么地方批评下属，这件事最能彻底地对人进行考验。因为，在这件事的整个过程中，不仅能够窥知你的为人是否机敏干练，判断别人是否对你有好感，而且还能充分了解他人的本性。

至于该在什么地方批评下属，正如知道采取什么方式与在什么时候批评他们一样，都需要细致入微的观察。一位聪明的雇主应当清楚地知道，对于自己的雇员来说，帮助他们维持自尊心的意义十分巨大。但是，当我们开始批评别人的时候，却总是将这一点忘得一干二净。比如，当我们发现同事的错误时，我们的言语也许有意无意已经冒犯了他们的自尊心。如果你在公共场合下大发雷霆,对别人大声斥责,那么就那些被批评者而言,他们肯定不会心甘情愿地接受你的批评。实际上,上面这种怒气冲冲式的批评实在是非常愚蠢,因为其结果必然适得其反。如果你公开在众人面前挑剔某个人的错误,那么他一定会对你这种"咄咄逼人"的做法感到反感。他会认为你是在吹毛求疵、没事找事。不管他是否接受你所说的那些话,总而言之,他一定会觉得你是在故意让他难堪。

因此,在批评别人的时候,我们应该设身处地为他人着想,无论是对生活还是对工作,这一点都不可或缺。如果我们疏忽大意,或者根本不愿意考虑他人的感受,那么必然就会犯下愚蠢的错误。当然,这并不意味着我们就该对他人犯下的错误置之不理,只是我们需要采取其他更为恰当的方式来指出他们的不是。因为如果你完全不去处理,他们身上的这些毛病不会自然而然地消失不见,如果我们不对他们的缺点进行批评,他们就不会自动改过自新。不过,如果我们做到了这一点,但是却没有给予他们帮助,这同样是一种愚蠢的行为。明智的商人总是会把观察学习当成是自己的职责,他们会时刻留心怎样改进工作中的问题,从而更加高效地进行管理。如果你是一个懂得"以人为本"的人,那么你就会懂得,应该在什么时候、采取什么方式对自己的雇员所犯的错误进行批评,从而帮助他们不断取得进步。

在很多情况下,某个员工发现自己的同事犯了错误时,他的表达往往都是以狂暴易怒、愚蠢、不理智的方式进行的。他们之所以这样做，有多方面的原因：譬如缺乏教养，不懂得人与人之间的交往技巧(这一点已经表现在他们与同事之间的交往中了)，缺乏敏锐的观察能力，忽略他人的感受或所处的环境等等。在某些情况下，产生这种做法的最大原因就在于，他们为人十分自私，只会以自己为出发点来考虑问题。他们仅仅想到自己在公司里是一名监管员，要为老板管理好自己的同伴，但是他们却没有考虑到，作为一名上司，真正应该关心和注重的问题是什么。也许我的这番话会让有些雇主感到十分奇怪，因为有些人始终都认为，自己的员工就该按照上面的方法去做才对。但是，如果一个雇主能够懂得，自己最关心的事情应该是引导每个员工充分发挥他们个人的潜力，那么他就会明白，这些监督人员的管理方法往往会偏离甚至损害自己的这一目标。如果雇主能够明白这一点，那么这个令人困惑的问题就会迎刃而解。

只有一心一意为大家服务的员工，才是公司最需要的员工。要做到这一点，我们就必须平等对待公司中的每一个人。如果公司中的监工、监督员或者领班，是一个狐假虎威的卑鄙小人，那么他就会给公司造成无可估量的巨大损失。我们经常听到有关专横的资本家如何欺压劳动者的事情，但我们却很少听到工人之间相互诋毁的事情。

然而，至于什么样的错误应该加以批评，我们可以遵循那些富于智慧与哲理的处世准则。无论什么人、在什么情况下，这些准则都可以作为我们的参照，它们就是《圣经》里最有价值的基督教训诫。我们只有查找这些训诫，才能知道自己身上到底有什么不足。通过回答下面的问题，我们就可以明白，自己应该以怎样的态度指出他人的错误：在面对下属时，我们应该换个位置考虑，从逆向角度进行思考，想想我们希望上级怎样对待自己。对于一个商场上的老手来说，他年轻时也曾经受到别人的批评，如果他没有忘记当初自己遭受批评的情形，那么他现在批评别人的时候，就不会措辞激烈、暴跳如雷；如果他没有忘记自己当初也曾是一名辛苦工作的员工，那么他现在批评别人的时候，就会语气温和、宽厚仁慈。从某种意义上来说，社会上的每一个人，都在以某种形式为他人服务，成为他人的员工，因此，每一个人都应该设身处地为自己的员工着想。

有些人也许忘了，想要在商场上获得成功，我们还需要依靠许许多多其他的因素。虽然这些因素各不相同，但是每一个都不可或缺，而员工的素质就是诸多因素中重要的一个。

在一段时间内，或者在一定条件下，有些员工可能看起来在你的公司里没有太大用处，他们似乎没有什么利用价值；但是在另外一个时间段，或者另一些情况下，他们可能会变成很有用的关键人物。因此，对待不同条件、不同素质的人，最好的方法就是因材施用，把他们放在一个合适的环境里，这样他们才能够充分运用自己的本领，发挥自己的专长，否则只会起到适得其反的效果。有些人可能会认为,对于员工来说,"什么时候找错误"和"找什么样的错误"是一回事。可以说,在很大程度上的确是这样,但又不完全是这样。举个例子来说,如果你经常乱发脾气,性情急躁,那么你"什么时候找错误"和"找什么样的错误"就会完全不同,因为当你批评别人的时候,就已经掺杂了自己的情绪。因此,当下次某个雇员犯了某种过失,激起你的愤怒时,你一定要试着控制自己的怒火,不要当着他的面表现出来。如果你没控制住自己,那么后果会变得十分糟糕。在你处理别人的错误之前,一定要先控制自己的情绪。带着情绪去批评他人,这没有任何好处,反而还会造成许多危害。比如说,双方会因此都变得意气用事,这就导致雇主失去了自尊,而受到训斥的雇员也失去了信心,双方的尊严都受到了严重的伤害,而对雇员来说,他们在还没进行自我反省的情况下,就不得不被迫接受这次批评。因此,倘若你在指明他们的错误时,能够以一种和蔼可亲、心平气和,但却态度坚定的语气,或者以公平、大方、包容、体贴的心态,用这种方式去对待他们的过失,那么你的话就会在他们的心中产生共鸣,他们就会乐意按照你的思维方式去思考问题,你的批评也会因此而变得更加有效。

这样一来,你就可以与自己的员工成为好朋友,而不是与他们结为仇敌。我们完全可以先把错误放在一边,因为大家都很清楚,对于生意上的成败来说,很多时候正是取决于我们是否可以把自己的雇员看做朋友。

在你的下属当中，即使是那些最微不足道的员工，也同样值得你友善对待，因为他们和那些有权有势的商业大亨一样，在关键时刻能够起到巨大的作用。

至于怎么对他人的错误进行批评，实际上我们在前面已经说了很多。总而言之，我们的建议就是，当你发现别人的错误时，一定要用一种礼貌的方式立即说出来。与此同时，在你表达完自己的看法后，就应当立即结束，不要再继续喋喋不休，更不要时不时地向别人提起这个错误，或者对常犯这个错误的人加以冷嘲热讽。你必须清楚这一点，你的目的就是要让他明白，他需要时刻注意并及时改正自己的错误，千万不能让他觉得，即使他再怎么努力，也改不掉自己的这个毛病。

简而言之，在批评他人的时候，一定要让自己的行为合情合理，不要成为让别人痛苦的刑具。

第49章 学会处理分歧

成功绝对有捷径,当然这捷径绝不是整个过程,而是必须按照最有效的成功策略去做,否则你会越忙越出错。同理,在做事的过程中,如果不懂得合理分配精力,总被琐碎的二流问题羁绊住头脑,这必然得不偿失。

对于大多数人来说,这一章的标题可能很容易使他们联想到商业中发生的那些龃龉之事。在生意场上,之所以会产生分歧,大多时候都是因为合作伙伴之间的误解而造成的。如果这些事情没能以正确的方法或者端正的态度进行处理,那么这些误会最终会变得一触即发,发展成为某种不可调和的矛盾,甚至造成令人惋惜的结果,让这些本来志同道合的生意伙伴分道扬镳、反目成仇。如果真的出现这种情况,那么你们可以参考一下我们在本书其他章节所阐述的那些行为准则。无论我们遇到了什么问题,只要我们能够按照那些准则行事,并且付诸实践,我们便可以很好地处理这些分歧,从而使我们的商业活动重新恢复到以前风平浪静的良好状态。即使由于意见相左,我们必须要和自己的商业伙伴进行利益分割,只要我们双方都能够公正、合理,大方地本着那些正确的行为准则来处理问题,那么我们就可以稳妥顺利地解决两者之间的利益冲突,不至于伤害到我们与合作者之间的个人感情。反之,只要我们做到了这一点,那么我们与合作伙伴之间的关系会变得更加密切、牢固。

其他章节里所说的那些商业建议,同样有助于我们解决上面这种合作人之间的意见冲突或商业分歧。然而在这一章里，我们所关注的分歧却与上面所说的不同，这里主要是讲有关经商过程中的时间安排问题，我们在第七章就已经进行过详细讨论。在第七章里，我曾经说过，当很多事情同时涌到我们面前时，对待这种情况最好的解决方法就是：要在一个时间段内抓住重点完成一件事情，然后再依此类推，逐个完成这些任务。实际上，每一个人都是按照这样的方式来完成任务的，因为无论做什么工作，我们都不可能同时进行两样甚至更多。这一点无论是对体力劳动还是对脑力劳动来说，都毫无二致。

显而易见，按照上述原则，我们有两种方式来完成自己的工作。其中较笨的办法就是：不分主次、不分轻重，把所有的事情都混在一起。这样一来，我们考虑一类事情的想法或者思维模式，就很容易和另一类事混淆在一起，最后变得乱七八糟。与此相反，较为聪明的办法就是：条分缕析、按部就班，一件一件地完成自己的任务。

可是，对于很多人来说，他们不具备把一件事和其他事情分开的能力。因此，他们做起事来，总是会被其他事情所困扰，从而难以集中精力去处理问题。反之，对于那些有能力区分轻重缓急的人来说，他们可以轻而易举地处理好堆积如山的工作。正因为如此，他们成了许多人羡慕的对象。对有些人来说，虽然他们的工作能力很强，但是当他们把同类工作的不同情况和不同想法搅和在一起的时候，他们自己也会变得眼花缭乱、思维混乱。然而,值得庆幸的是,这种能力并不是人们天生就具有的,而是通过后天锻炼培养的。我们既可以让一个人进行自我锻炼,养成抓住重点的习惯;也可以通过坚持不懈的教育,使他学会怎样分清事情的轻重缓急。也就是说,人们完全能够通过教育和培养,让自己拥有这种处理不同事情的能力。

一位事业有成、声名显赫的商业人士曾经告诉我说:"在一段时间内,我只能一心一意地做一件事情。在我的心里,我只会惦记这件事情还没有完成,而不会同时考虑其他任何事情。只要我做到了这一点,我就一定能够圆满完成工作任务。"如果你也能够说出相同的话来,那么我相信,你也一定抓住了这个问题的本质。

第50章 写信草率的人会令人瞧不起

责难他人前要谨慎三思,考虑你的话可能会造成的后果,最后再慎重决定。作为一名商人,你是睚眦必报,还是既往不咎,考验的是一个人的气量,也牵引着成功之路的轨迹。人还是应当做得谨慎大度一点为好。

每个学生都听过这样一句话,"星星之火,可以燎原"。同样,这句话也能用来形容一个人的事业发展进程——从微不足道的点点星火逐渐蔓延开来,一步一步获得最终的胜利。对于从商者来说,这一点无异于老生常谈,但是就我看来,这一点在任何人的生活中都起着至关重要的作用。在日常活动中,一封寥寥数语的短笺似乎只是举手之劳,但就是这封简洁明了的信,或许就会产生"星星之火,可以燎原"的效应,对写信人和收信人带来重大影响。因此在很多情况下,我们最好的选择就是,既不要写信,也不要轻易给他人寄信,否则我们就很难掌控它是否会带来巨大的损失。

　　作为一个商人,如果你出于一时愤怒,在情急之下写了一封不太妥当的书信,但还没来得及发出去,那么你就应该为自己感到庆幸。因为你没有寄出这封书信,对方就不会看到信中那些令人遗憾的话语,所以你应为此而感到高兴。反之,如果你写了一封言辞激烈的信函,并且立即把它寄了出去,那么后果很可能就是,在相当长的一段时间内,你的精神都会因此而承受巨大的痛苦。如果我们能够及时进行自我克制、自我反省,那么这种情况就能够得以避免。一般来说,如果你对自己所写内容的得体程度、礼貌程度拿捏不准,或者对这封信可能产生的后果表示怀疑,那么你至少应该等到仔细考虑之后,再决定是否寄出去。这不仅不会耽误你的时间,相反,你应当为自己的慎重行为感到高兴。我就曾经听说过,一个人因为推迟了自己的寄信时间,从而挽救了自己的事业。故事是这样的:在写了一封措辞严厉的信件后,他把这封信放在自己的抽屉里,然后静静思考了两三天。而在那段时间里,所有的问题都已经迎刃而解了。从此以后,他告诉我说,他再也不会把信件的第一稿寄出去,而是隔段时间再写一遍,因为在这期间,事情往往都会有各种意料不到的进展,而这封信就完全改变了原来的风格,先前出于愤怒的那些激烈言辞不会再出现了,字里行间也变得更加温和礼貌起来。把第一遍写好的信件在抽屉里放上两三天,这样做实际上就是给自己一点时间,让自己把信件的内容在头脑中再过几遍。如果在这个时候,你仍然觉得有必要寄出这封信,那么我们有理由相信其中的内容已经经过你的深思熟虑,将来一定不会让你遗憾或后悔。在当前这个电邮时代,写邮件就更值得我们慎重了。因为在点击之间,发出的信就已经变成泼出去的水,完全没有收回的可能性。

有些人也许会问,为什么我们总是一挥而就,很快就把信写完了呢?为什么我们就不知道等几天再发出去呢?是啊,之所以会出现这种情况,完全是因为我们的天性使然。我们仅仅是普通人而已,每个人都有自己的七情六欲。因此,当我们处在悲愤的情况下,当我们受到了冤屈或羞辱，或者自以为有人要和自己过不去时，我们通常的想法就是，要把它们一股脑地发泄出来。这种使用笔墨把它们记录下来的方式，对我们来说，就是一个发泄情绪的绝好方式，你可以在其中随意宣泄自己的激情与愤怒，抱怨他人对你的不公与冤屈。在信中，你可以与你的通信者讲个明白，让他们感受到你有多么的不满。在信中，你可以竭尽所能对他们进行还击，让他们亲身感受你所遭受的冤屈。然而，在你把信件寄给他们之前，还有一个更好的方式可以处理这个问题。也就是说，你可以把这封措辞激烈的信件放在自己的抽屉里，让自己再冷静地思考二十四小时或者更长时间。等到时间过去，也许你已经冷静下来，再也不想把这封信寄出去了。

对于这一点，许多人都深表赞同，但在这里我想要强调的是，如果你能够做到这一点，那么就不要轻易放弃，因为无论做什么事情，事前的预防往往要比事后的治愈更有作用。虽然上面提到的这种做法不无世故，但它仍然不失为一个较为妥当的处理方法，因为它是建立在良好的行为准则基础之上的。按照这些准则，我们既可以处理那些令人不快的事件，也能够应对那些意见相左的对手。如果一个人对所有人都能朝好的一面去看，养成这样的习惯，那么无论在什么情况下，他都会竭尽全力进行换位思考。对于人们来说，应当首先努力地完善自我，然后再去思考，究竟是什么原因让对方产生了这种行为。如果你能够想到，他们也可能正在因为自己的所作所为而感到懊悔，对我们满心抱歉，那么你就不会再借这些言辞激烈的信件以泄私愤了。《圣经》中说道："和言足以息怒。"反之，一封措辞尖刻的信件，只会使情况更加恶化。因此，在你写信的时候，一定不要使用尖酸刻薄的词语。如果你足够聪明，又为人友善，就不会写这样的信，更不会把它寄出去。

一旦你写了一封信，并把它寄到另一个人手上，那么这封信就不再是你的个人财产了，而是为收信人所有，因此，他可以随时把信的内容公开。如果他想要利用这封信件来对你进行恶意中伤以泄私愤，或者将其公之于众以示清白，你只能束手无策。这个时候，如果你想保证信件中的内容不会遭到他人斥骂，或是受到道德上或法律上的指责，就只能全凭收信人的个人意志了。

如果你担心自己所写的内容被公之于众，或者担心信中的内容有可能违反道德和法律，那么最简单的方法就是，不要把信件当成表达个人想法、意见、感情、意志的媒介。其实，这种想法与日常生活中的许多谚语都不谋而合，比如"覆水难收"、"少说多做"等等。因此，如果需要写信的话，一定不要写那些不该写的内容，而且在这里我还要加上一句自己的观点，那就是"写得越少越好"。

在很多情况下，不使用书信来表达意见，这才是明智、慎重甚至是礼貌的行为。例如，一封信函有可能导致一段长久友谊的破裂。如果你想要给别人写信，那么你就要作好面对不良后果的心理准备。假如你在这封信中使用了一些违反道德和法律的言辞，或者加入一些不太友好的内容，那么收信人看到这封信后，很可能就会变得火冒三丈、怒气冲天。但是，如果你当面告诉他自己在信中所写的内容，你的言语可能会变得心平气和，而他也很可能会冷静地倾听。因为在这种情况下，一个人无论是面部表情、语音声调还是身体语言，都会显得非常重要，避免了由于仅仅看到信件上的激烈言辞而想象出的对方的愤怒，这样的话，一场令人不快的交流就会转变为一次发自肺腑的交谈，不但不会对任何人造成伤害，而且还可能化解彼此的误会和隔阂。

这种口头交流的方式要比收信与回信更加及时、更加高效。但是，当你收到他人的私人信件时，一定要记得回复所有的信件，而且要把这个良好的习惯保持下去，因为这样做就完全维护了你的个人尊严，也表现出了应有的礼貌和尊敬。与此同时，这种做法还可以让你避免与人交恶，因此而留下遗憾，否则，当你后悔没及时回信时，也只能是为时已晚了。如果他人在信中表现得和蔼可亲，那么你的回信也一定要显得彬彬有礼。反之，如果你对别人的来信不理不睬，这只能说明你态度傲慢、举止粗鲁，因为只有那些不懂礼貌的人，才会在听完别人的问题后不作出任何回应。同样，不对他人的信件进行回复，这也只能说明你是一个缺乏教养的粗人。就像一个人穿着打满补丁的衣服往往就代表经济状况不佳一样，不回复他人的来信，只能说明你是在有意伤害或故意羞辱来信的人。更为糟糕的是，如果给你写信的人比你身份低微，而你却没有及时回复，那么别人或许会说你这个人自高自大、目中无人，也或许会说你是一个趋炎附势、傲慢无礼的小人。

　　如果一个人没有收到对方重要的回信，这时他就会感到异常痛苦。反之，如果你从来都没有遇到过这种情况，那这本身就是一种幸福。虽然在大多数情况下，能否顺利地收到回信并不会对我们产生太大影响，但是，如果一个人经常收不到他人的回信，他一定只会感觉十分痛苦，而不会因为方才在信中畅所欲言得到什么快乐了。可以说，没有哪个正常人会故意想要给别人带来痛苦。正如塞内加尔所说，"只有懦弱的人才会对人残酷"。当然，没有人会主动想要成为一个懦夫，但是如果他人一致认为你生性残忍、脾气暴躁，那么在他们眼中，你就已经可悲地沦为懦夫了。

第51章 电话交流的技巧

与客户电话交流业务时,应预先组织好自己的思维,每次谈话应包含一个主题,力求条理清晰,言之有物,不能空洞,更不能无休止地扯闲话。要不断总结,弥补过失,当反思的缺点大部分被改掉时,下一次,被拒绝的概率也会大大降低!

虽然这个话题很简单,或者看起来很简单,但还是存在这样一个事实:在日常的商务交易中,成功获得订单的一流接线员并不多见。在通常情况下,大人物和商业巨头都很难攻关。这就要求接线员不仅需要具备良好的专业素质,还要具备面对他人婉言拒绝的超强承受能力。

通过信件来做业务,这是商务往来中必不可少的方式之一,但是就某些项目来说,信函往往没有任何效果。更何况,从实际上来讲,这种情况并不是偶尔发生,而是时常发生。事实上,在我们从事大笔交易的时候,书信几乎完全派不上用场。也许你会自信满满地写一封文辞优美的信,在信中展示了本公司产品的巨大商业价值,列举了本公司拥有的种种有利条件。然后,你自以为这封信很有分量,极具说服力,你认为某个高层一定会抓住这难得的机会来跟你合作,甚至你还会想,如果他们不接受你的这个单子,他们的利益就会受到极大的损害。或许作为专业人士的你,还会致信给一家熟识你的公司,你甚至肯定地认为,凭借他们对你的信任,你在信中提出的方案一定会被他们采用,或者至少会对你的信件表示出极大的兴趣。然而,这一切都是出于你自己的想象。因为在你看来,这个单子会给他们带来巨大的商业利益，如果他们没有接受这个单子，那么他们公司某些部门的工作将无法正常进行。但是，你却忽略了最重要的一点：这一切不过只是你的"自以为"，并不能代表他们的观点和看法。

所以，就算你的信件写得再洋洋洒洒，作为收到来信的一方，他们往往并不会受到信件内容的影响。他们经常会一口回绝：不行！因为再没有任何回复比这更为简单了。无论你如何再次写信向他们施加压力，或者利用这种方法干涉他们的日常工作，只要他们不想接受，都会对你的信件一口回绝。

对于一个精明的商人来说，他绝不会在初次碰壁之后就灰心丧气。通过几次电话交流，原来回信中的"不行"两个字，很可能会奇迹般地变成"可以"——一个让双方都满意的答案。一个成功的商人，常常在第一时间里，将自己要提出或者采纳的重要项目条理分明地写下来，然后以信件的方式发给高层领导，之后再从中选取重点，亲自致电那位高层领导。即使为了打通这个电话，他不得不徒步走上数十英里的路程，仍然不会轻易放弃，因为他就是那种凭借自己不屈不挠的意志而获得成功的人。

过了一段时间以后，许多曾经在信中一口回绝你的人，当他们再次接到你的业务电话，也许会又惊又喜地说："哦，对了，很高兴能够接到你的来电，我正想和你讨论一下我们即将开展的某些业务呢。因为我们认为，你正是我们所需要的最佳人选。"当你听到这番话时，你就明白，这意味着你提出的项目具备了可行性，而且已经得到了肯定的答复。这时候你再进行一番回顾，你就会意识到问题所在，也许你本人确实头脑聪明、谨慎持重，但是在此前写信的时候，你却没有对自己进行任何介绍，而仅仅是以公司名义写的这封信。

对于有些公司来说，个人因素是商务安排中的重中之重，他们甚至不惜制订这样的规则：在开始商务谈判之前，必须与对方至少进行一次个人会面。就我所知，还有些公司定下了这样的规则：只要不了解对方公司中的任何一个人，就应当礼貌回绝对方公司的所有谈判。在这种情况下，你只有设法与这个公司的熟人联络，并且通过他来进行介绍，你才能获得谈判的机会。

在重要的交易中，如果我们把所有的希望全部寄托在书信上，这往往会引起重大失误。人们很难对书信中描述的抽象概念感兴趣。就像我们很难对一个素昧平生的人产生任何印象一样。人们想要知道对方的态度，而这种态度往往来自于对方提出的商业建议。在你了解对方的情况下，你会在说出"不行"之前考虑一番，三思而后行。但是，倘若你需要对一个东西、一个抽象的概念，或者某个素昧平生的陌生人说"不"，这就容易得多了，而且，你的内疚感也远远不会像前者那样强烈。

在言行举止和习惯态度这两点上，写信者与收信者往往存在着很大的差异。对于一封来函，你可以轻轻松松地拒绝，以一种消极冷漠而又不乏礼貌的态度来表示，但是，如果是一个陌生人突然站在自己面前的话，这种拒绝方式就难免显得唐突无礼了，因为你是一个慷慨大度、彬彬有礼、体谅他人的绅士，所以你不能这么做。一封信本身只会有一个作用，只能产生一个影响，但是写信的人却可以做很多事情。信件无法传达出其他的信息，但是写信者的外貌、语气、姿势以及言谈举止，在某些情况下往往会产生意想不到的效果，这一点是信件无法做到的。

另外，商务电话不仅对自己有利，也对对方有利。对于这一点，很多人都会表示赞同，因为从商业的角度来讲，他们对那些来电衷心地表示感谢，因为正是这些来电，为他们提供了至关重要的商业计划或建议。如果一个人足够聪明，他就应当能够准确地判断，哪些是无用的信息，哪些才是自己可以得到的潜在资源——无论是来电者本身，还是他们的立场以及经验，甚至是那些年轻人对成功的渴望——这都是他们的潜在资源。

关于商务电话，我们还要提到另一点。其重点不在于你所打的那通电话，而是你要拜访的那个人。如果你们的沟通十分顺利，那么你的经济效益也会随之增长。很多商业上的成功正是源于这样几个简简单单的电话。你也许会接到各种各样、来自不同层次的人打给你的电话，而在这些人中，不乏精明强干的员工、富于智慧的长者、年轻聪颖的新手，以及那些敏锐善察、锐意进取的优秀者。

从以上所有人的身上，你可以学到很多东西。也许你并不总是能得到肯定的答复，有时候你也会得到否定的答复，虽然后者代表着拒绝，但是这种拒绝却自有其价值。至少你能够清楚地认识到商务电话的重要性。

一个有很多机构的部门，往往在某些细节之处也极尽复杂，外派员工、代表、名目繁多的代理人，他们都各司其职，那么，对于打电话的那些员工来说，他们的职责又是什么呢？很显然，在这些电话中，他们不仅是这家公司的宣传员，而且还是这家公司的形象代表。

在商务会谈中，我们的谈话一定要开门见山、简明扼要，尽量避免闲扯与会谈无关的话题。要记得，对所有的商人来说，时间就是金钱。尤其是对于那些在商界地位很高、影响巨大的人士来说，时间更是宝贵。你可以不珍惜自己的时间，但对于别人来说，他们并不这样认为。所以在打电话的时候，不要因为那些无关的话题而耽误时间，不要杂七杂八地闲扯，要直截了当地切入正题，讲明你的目的所在，并且让这一目的始终贯穿在你的观点之中。如果接电话的人岔开话题，那就说明他有一定的警觉性，你可以暂时跟着他的思路走。但这并不代表你就失败了，因为只要你能够不失分寸，那么就不会被他引的太远。不过，总而言之，尽量不要让他人引开你的话题，否则你不仅很难回到原来的话题上，而且很可能会功亏一篑。人们在对付来电者时，往往会选择对方不太熟悉的话题，而一旦来电者接应了他们的话题，这就正中他们的下怀。因为这恰恰能够表明，接电话的人已经察觉了他们的意图所在，但是却不想轻易点明或贸然揭穿。这时，如果人们都能够表现得诚恳一些、大度一些，可能结果就会更好，但是这种情况并不多见。只有当双方都诚心诚意地想要进行合作时，他们才会略去那些无关的言语直奔主题。有时候，接电话的一方也许并不愿意与你合作，但是却没有明确表示出来，那么在这种情况下，打电话的形式就要比亲自登门造访更加妥当，因为你完全能够抓住机会，及时终止这次商谈。

当他们对你不愠不火、彬彬有礼的时候，其实他们已经开始设法截住你的话头，好像他们想要抓着你的肩膀把你推出去一样。一定不要等事情发展到这一步。如果你能够明察秋毫，那么你很快就会发现一些蛛丝马迹，而一旦到了此时，就要立即结束商谈。没错，如果你已经说清楚了自己想要说的所有内容，已经一丝不苟地表达出了你想要表达的意愿，那么这时，最明智的做法就是让一切顺其自然。对你来说，这只不过费一些口舌而已。但是，如果他们采纳了你的建议，并且认为这些建议十分明智，那么你的这通电话不仅不会有损自己的尊严，而且还会给他们留下一个良好的印象。反之，如果你的客户并不打算采纳你的建议，而且本身公务繁忙、头脑敏捷，那么对于你的这种一切顺其自然的态度，他同样会表示十分感激。

对于有些人来说，包括那些小有成就的商人，他们当然懂得时间的宝贵，而且都十分珍惜自己的时间。在工作之外，他们为人和蔼、待人亲切，与任何人都能谈笑风生。但是在商场上，他们偶尔会一反常态，说出一些离题的话来。也许他们并不坏，如果他们只是偶尔为之，这种做法反倒有利于舒缓自己紧绷的神经，但是如果离题太远，就会浪费他人弥足珍贵的时间。如果你的商务谈判中出现了这种情况，那么你就应当暗中缩短这次会谈的时间，或者对他们进行暗示，让谈判的话题回到桌面上来。

在商务谈判中，这种抛开主题、天马行空的方式可以偶尔为之，但一定不要过于频繁。如果你一直非常想要得到某个客户的订单，并且已经采取了相应的行动，通过多次电话预约，现在有机会与他见面商讨。那么，在这种情况下，如果你能够在谈判中首先闲聊几句，一定会起到意想不到的效果，因为有许多成功的生意就是起于一次闲谈，这种与生意毫不相干的聊天，往往也是一次商务会谈的开篇。

第52章 能够为他人服务就是最好的服务

亿万富翁是如何炼成的:为天底下所有的人服务,并满足他们的需求。智者通过付出而不是索取来实现自身的存在价值。获得自由就必须遵从,获得成功就必须付出。记住,越低洼的地势越能积蓄更多的水。

那些深谙人性本质的人告诉我们，如果一个人不懂得如何为他人服务，那么这个人一定不适合做管理者。好的服务既对被服务者有帮助，也对服务人员的自身发展有好处。一个人到底能否实施好的服务，关键在于他是个什么样的人，他想成为一个什么样的人，他适合成为什么样的人。这一点不仅适用于服务者，对管理者也同样适用。对于那些渴望由服务者转变为管理者的青年学徒来说，"服务"就是他们的必经之路。许多人在谈论为他人服务时，总是认为它贬低了我们的尊严。在他们眼里，不管是对接受服务的人还是对服务者本人来讲，服务都起不到任何作用。正因为如此，他们才觉得，为他人服务是一件极其痛苦的事情。然而事实上，正确合理地为他人提供服务，既可以把我们同动物区分开来，又可以使我们脱离野蛮人的生活方式。可以这样说，一个人的服务越是完美无私，那么服务者的人性就越高大。

　　毋庸置疑，那些认为服务有辱人格而不愿为他人服务的人，一定不是基督的信徒。对他们来说，即使引用这个世界上最伟大、最高尚的伟人的事迹，也难以打动他们的心灵。对于这一点，给我们带来希望、力量、关怀和信任的基督作出了很好的诠释，是他为了我们的幸福生活，从天堂降临人间，同我们一起生活，一起经受苦难，甚至不惜牺牲自己的生命。他一生的事迹都值得我们学习。他之所以会来到我们中间，"不是来被服侍的，而是来服侍众生的"，他的使命就是用自己的服务使人间变成天堂。尽管有些人能够做到无私地施与他人，诚心地为他人谋福祉，但是无论他做得多好，只要他不能完全像基督一样帮助人们提高自己的本性，那么他就永远都不能够成为圣人，而只能尽量去接近神的境界。

让我们从一个更低的层次来看待这一问题。就我们与和自己有生意来往的人双方来讲，我们之间一定存在着服务与被服务的关系。因此，凡是有人居住的地方，不管是好的方面还是不好的方面，或多或少都存在着这种关系。如果我们能够十分冷静地处理问题，不带任何偏见地看待事情，我们一定可以看到：假如有一天，我们能够完成世界上所有的事情，那么服务一定会是最为行之有效的方法。就本职工作而言，一个人是否感到快乐，正取决于他完成事情的方式。所有人不可能都成为主宰者，所以，我们当中的绝大多数人必须成为服务者，而当我们为他人服务时，诚信就成了最为基本的问题，即我们是否应该认真地完成这项工作。从这一点来看，社会上所存在的人与人之间的关系中，服务者与被服务者之间的关系，也就是信任与相信的问题。雇用我的人委托我尽最大的努力去完成工作，我也相信他会支付我一定的报酬。但问题是，报酬是什么或应该是什么，报酬决不能与服务混为一谈。报酬只与合同有关，唯一的问题是，我们是否应该诚实地履行这份合同呢？诚然，如果我们对这一点漠不关心，那么也一定会对自己感到失望。

此外，在为他人服务时有如下一个原则，只有采取合理的行动，我们才能够做好服务工作。也只有做到这一点，我们所提供的服务才是最好的服务。较之其他诸多我们能够想到的原则，上述原则更加有利于我们的商业活动。在刚开始从商的时候，我们当中绝大多数人都怀有远大理想，而最合乎情理的一个志向就是，有一天能够把握自己的命运。如果我们不能以一种正确的态度来看待服务，只是把它作为解决问题的权宜之计，而不是一种行为准则的话，那么当我们自身的社会地位发生改变时，我们又有什么权利去接受他人的服务呢？有什么权利去希望获得他人真诚的服务呢？如果我们作为服务者时没有尽职尽责，那么我们还能期望或者要求他人尽心尽力为我们服务吗？关于这一点，虽然有很多东西可以讲，但是这里不再赘述。大量事实可以表明，即便是从最低层次来看，服务也不会贬低任何人的价值。同样，我们还可以看到，一个人的诚信与服务紧密相联、息息相关。当然，即便是那些对人与人之间的关系怀有偏激想法的危险分子，也不愿意自诩为不诚实者。从高一级的层面上来看，与过去相比，如今服务已经变成了一件高尚的事情，能够为他人服务就是最好的服务，因为只有当你对他人有所奉献时，他人才会对你有所回报。

Do The Right Thing At The Right Time

第53章 控制好突发事件

明智的商人无不具备控制突发事件的能力。若想避免"青黄不接"的现象出现,就须加强与工作同伴的沟通,预定未来的事务安排,借鉴他人的高效规律,并适当调整自己处理事情的程序。在清闲的时候提早制订好预案,就能做到有备无患。

这一章可能与前面的内容有所关联。它的主要目标是：为可能发生的事情或者即将到来的环境提供建设性的帮助。无论是在一个还是多个商业部门中，我们应当随时考虑到，什么事情可能会发生，并且同时为此作好准备，使这种未知性的事情变成人力可以控制的事情。当然，在实际生活中，有些人会认为这种事情永远也不会发生。但是，如果它真的发生了，这未必是一件坏事，或者我们可以说，这反倒是一件好事。因为在此之后你只需做一件事，那就是进行筹划安排。但是，还有另外一种可能，如果你没有想到这样的情况会发生，它却出人意料地突如其来，这时，由于你在事先毫无准备，所以这种情况就变成了突发状况，那么它很可能就会对你造成困扰。也就是说，如果一个人突然遇到了紧急情况，那么在他没有作任何事前准备的情况下，事情就很难做好，或者说很难冷静地对待面前的困难。正因为如此，我们才应该做到有备无患。

　　那些头脑聪明的人，总是能够虑及将来可能发生的事情，并且为了实现这种可能性而尽力创造有利条件。他们不仅总是努力工作，而且从来都不会放松警惕，因为他们总是在考虑将要发生的情况，期盼着未来可能发生的事情。尽管这些事情看似十分遥远，但是在商业活动中，各种各样的意外事故也时有发生。

如果你能够养成经常思考将来、考虑可能会发生什么事情的习惯，并且提前为这些事情作好充分的准备，那么，你就不会把它们当成是一场灾难。在商业活动中，如果一个商人能够为那些将来可能发生的事创造条件，那么他多半是一个头脑冷静、做事理智、心理平衡的人。同样，这种人也一定十分勇敢。因为所有即将发生的事情，往往都充满了不确定性和风险性，但是他的内心并不会因此充满恐惧。与此相反，他会毫无畏惧地勇往直前，作好一切准备迎接将来，尽力把不确定性化为确定性。这才是一个真正的商人应当具备的素质，成功的商人应该下定决心征服困难，而不是屈服在困难之下。对于一个理智的人来说，他们总是会提前考虑到将来的种种可能，准备迎接商业活动中可能会遇到的一切情况。

事实上，这种做法不仅会让你变得更加精明，而且还能帮助你培养起未雨绸缪的能力。在商业活动中，我们只有做到有备，才能无患。只有当你期盼自己的商品销售得更多时，你才能够为消费者提供更多产品。同样道理，储蓄也是一种未雨绸缪的做法。作为一个商人，你不能花光自己的所有积蓄，而应当从中取出一部分储存起来，以备将来不时之需。

在日常商业活动中，这种情况普遍存在。但是，从一般意义上来讲，所谓有备无患，就是指对将来可能发生的事情有所预期，而这些事情很可能是一些突发事件，甚至是某些重大灾难。如果真的出现这种情况，而我们事前毫无预防，就极有可能会处置不当，甚至对此束手无策，这就只会让情况变得更加糟糕。

下面，我们就以工程师为例来说明这个道理。假如这些人在工作中突然发生了什么事情，而他们对这件事情的处理结果就可以说明，哪些工程师能力较强，哪些业务平庸。我们都知道，越是不可能发生的事情，如果他做到了，也就越能证明这个工程师的能力非同凡响。我们经常会听到人们说这样的话，"我从来都没有想过会这样"，"我连做梦都没有想过这样的事情会发生"，如此等等。那些具有远见卓识的英才之所以不同于庸庸碌碌之辈，就在于他们具有先见之明，他们总是能够预想到即将发生的事情，并且提前为这些事情作好准备。因为在任何商业活动中，这种情况都有可能发生。

在前文中我们就已提到，对于一般人来说，想要做到未雨绸缪并不容易。但是如果做不到这一点，即便他们有着丰富的商业经验，他们处理商业事务的能力仍然无法得到提高。然而幸运的是，正如一个人可以通过训练来提高自身的修养一样，这种能力同样也可以通过学习而获得。本书的所有章节正是出于这样一个目的：通过详细的讲解来提高一个人的商业素养。

只有当你做到这一点，做到在任何时候都能有备无患，你才会妥善地处理突发事件，才能更好地完成自己的工作。也许你们都还记得拿破仑曾经说过的名言，这些格言警句能够激励我们，促使我们立即采取行动。拿破仑在谈到自己时说,他从来都没想过如何去打败敌人,而总是在考虑敌人的计划是什么,敌人打算做什么。如果他能够找出敌人的计划,或者猜出敌人的想法,那么他就会感到胜券在握。因为只有这样,他才能够在这个奋力拼杀的战场上,甚至是在敌人的心理上,将他们彻底打败。拿破仑从不怀疑自己的能力,他的最终目标就是找出可能发生的事情。对于年轻的商人来说,只要你用心去领悟这则故事蕴涵的道理,它就能够为你带来最有价值的东西。

第54章 谁是危险人物

骗你一次的人绝不会放弃第二次骗你的机会,对骗子不要抱任何幻想。靠贬低别人提高自己的身份,其结果就是暴露自己的无知与贫乏。让危险人物不敢靠近你,这就需要良好的素质和渊博的知识。记住,有限度地受欺负,有节制地抵抗。

在本书的其他地方，我已经向大家指明了，倘若你时常与那些只知道钻"诚信"空子的人相处，这无疑是一件极其危险的事情。如果钻这个空子的人是一个受人尊敬的人，那么他得手的机会就会变得更大。也就是说，一个人的名气越大，他犯这种错误的危害性就越大。因为在很多时候，名气和荣誉都可以作为一个人的防护罩，让他有能力做自己想做的任何事情。只要他愿意，他就可以任意妄为，因为他具备了那些缺乏经验的新手难以匹敌的欺骗能力。

幸运的是，一般来说，这些神通广大而又能力非凡的人很少去欺诈别人。更加值得我们庆幸的是，对于这一类人来说，他们几乎都处在严厉的法律监管之下。这些法律条文可以被称之为社会的"平衡"因素，正是由于它们的存在，我们这些社会大众的利益才得到了保护，社会的和谐与稳定才得以保障。在那些有权有势的人当中，有些人似乎把欺骗别人当成了生活的唯一目的。他们不厌其烦地使用这种龌龊的手段，以此掠夺自己生意伙伴的财富。但是，只要有严格的法律存在，在商业中遭遇这种人的风险就可以降低。如果没有这些商业法律，我们的社会就无法杜绝这种屡禁不止的欺骗行为，而我们的商业竞争就极有可能时刻处于一种不公平的环境之中。有许多人总是试图掠夺社会大众的财富，他们往往凭借自己拥有的能力，蠢蠢欲动，不断向贫苦大众发起进攻。至于我们的社会大众，他们绝大多数都对此浑然不知，既无法得到预先的警告，更没有时间来武装自己，因此就毫无反击之力，只能任其宰割。从这些情况中我们可以看出，那些想要掠夺大众的人不仅冷酷无情，而且还会不可避免地成为某种潜在的危险因素。

尽管存在这些危险因素，但幸运的是，这些有权有势的人心里清楚，自己无论做什么事都必须十分小心，否则很容易就会走上犯罪的道路。他们明白，自己随时随地都处在他人的怀疑之中。而这种怀疑就像《旧约全书》中的黛莉拉一样，可以剥夺他们手中的任何权利。但不幸的是，我们很难找到他们欺骗的蛛丝马迹，因为他们往往能够充分利用手上的资源来蒙蔽大众。因此，就算是那些经验老道的商人，也常常会被他们骗得团团转。

但是，与此同时，公正的法律会来到我们身边，帮助我们这些毫无经验的人同那些剥削者打官司。它教给我们怎样准备战斗、什么才是正确的战斗方法，以免我们走太多弯路，并且保证我们最终获得胜利。

前文我已经提到，大众对有权有势者的怀疑，要远比剥夺他们的权利更具有威力，因为这样一来，我们就可以公然对其进行质询与挑战。而要想做到这些，首先需要有一个怀疑的切入点。我们可以从那些权势人物的熟人中找到一些暗示。哪怕是再小的暗示，只要我们能正确地加以利用，并且诉诸正确的法律途径，我们就能够公开挑战这些权贵人士。同时，我们也可以通过自己的能力，从这些权贵那里获得自己想要的暗示。一般来说，这些人都是依靠压榨他人的脑力劳动和体力劳动成果为生。他们非常热衷于了解他人的品性，以便于达到自己不可告人的目的。所以表面上他们把你当成朋友，非常关心你的疾苦，但是实质上，他们总是在暗中悄无声息地陷害你，不知不觉地对付你。

然而，这些权贵人士对人性的认识往往会出卖他们自己。因为他们总是觉得自己对他人的想法了如指掌，于是总是对待他人过分热情（当然这也是他们最好的选择）。一般情况下，他们的这种做法都会得手，而那些可怜无知的受害者就会逐渐落入他们的陷阱。因为在这些受害者看来，他们当然能够把自己的成功、财富和幸福，全权托付给关心自己事务、了解自己兴趣的人。

但是，我们一定不要被虚假的表面现象所欺骗。记住，我们一定不能轻易信任那些对我们过分热情的人。实际上，真正的好人以及老成持重的人们在结交他人时，总是小心翼翼，他们不会轻易对素昧平生的陌生人提供物质帮助。我们完全可以通过这个方法，来检验这个人是否真的想要结交自己。一个真诚正直的人，不会在刚刚认识一个陌生人之后，就唐突地主动开口向他提供帮助。如果有人这么做了，那么他极有可能是对我们另有所图。真正的友谊，不是两三次会面就足以建立起来的。对于那些刚刚结识就过分亲热的人来说，无论他们再怎么伪装自己，都难以掩饰他们的真实目的。"投之以桃，报之以李"，他们当然不会无缘无故地给予你帮助。真正的友谊就像树一样，要慢慢地发芽，慢慢地茁壮生长。当你们经过长期的相处，相互了解并且逐渐培养起深厚的感情后，才会结出友谊的果实。当一个陌生人把一颗钻石丢到你的脚下时，你一定要先假设这个钻石是赝品。即使它是一颗真正的宝石，你也需要对此人行为的真正意图表示质疑。

因此，当我们遇到这样的事情时，必须小心谨慎。这些类似的迹象都在提醒我们，要认真考虑一下，这位刚刚认识一天的"知己"是否的确值得信赖，因为我们对他的身份背景知之甚少，甚至是一无所知。首先，我们应该对他的意图表示质疑，并且尽可能少与他接触。我对他的考验无须很多，仅仅一个测试就可以达到目的。例如，通过和他的谈话，我们就可以清楚地察觉他的意图。当你和自己真正的朋友交谈时，他总是会给你一些货真价实的意见和建议；而你和这个新朋友进行交谈时，虽然他看上去非常诚恳，向你介绍了很多他自己的情况，但是他却对你关心的问题只字不提。从这一点上，我们就可以立即检验出他的本质，并且弄清楚实际上他什么都不愿意付出。

虽然这种考验对他不利，但是却能够保证我们自身的利益不受侵害。对于这种人来说，他们一般都可以滔滔不绝地谈上几个小时，并且故意给我们留下一个值得亲近、值得信赖的印象。在这些谈话中，他最想让你了解到的，就是相信他是个举足轻重的贵人，他可以帮助你事业有成。然而在这几个小时里，他的一言一行除了自我标榜以外，再也没有其他任何价值。可以说，他所说的内容一文不值，简直是在浪费你的时间。面对这样的人，我们一定不要给他想要的东西，也就是不要轻易地信任他。在别人没有为他付出的情况下，他不会愿意向别人提供任何帮助，哪怕是最小程度的帮助也不会。但是为了能够得到你的信任，他会不择手段。不过，最终这些人是否能够施展自己的手段，就要看你如何选择了。

在前面我已经说过，这种人一直都在等待一个机会，想要把你玩弄于股掌之间。因此，我们一定要对这些人多加留意。如果我们有了事先预警，那么在后来与他们进行的商业竞争中，我们便会事先武装好自己。至于怎样得到预警，在前文中我们已经讲过，这些方法一定会对你产生莫大的帮助。这些弥足珍贵的方法不是我们凭空创造的，而是长年商业经验日积月累的结果。我相信，这些经验一定值得你们信赖，因为它们不仅行之有效，而且只要你有勇气去加以运用，就一定能够取得最终的胜利。要想同这些奸诈狡猾、不择手段的强敌进行斗争，这的确不是一件容易的事情，因此，我们更需要拥有极大的勇气。这些卑鄙小人往往不顾廉耻、不择手段，他们个个口若悬河、经验丰富，因此在我们的队伍中，有许多坚强的斗士都一度败下阵来。对于一个正直诚实的商人来说，他绝不会在正当的商业战场上使用那些卑劣无耻的手段。反之,对于一个土匪或者强盗,他就可以无所不用其极。我相信,在商业战场上,我们很少遇到这些无耻之徒,但是退一步讲,即使真的遇到了这样的人,我们也应该像苏格兰人对待阴险狡诈的敌人一样勇敢无畏,把他们看做是一只色厉内荏的纸老虎。

第55章 防人之心不可无

权力是一把"双刃剑",用得好,则披荆斩棘无往不胜;用得不好,则伤人害己误事。管理者往往都会放权给自己的得力助手,但放权不等于放任;成功的领导不仅是授权高手,更应该是控权高手。否则,昔日的"心腹"可能就会变成"心腹大患",管理者不再是放权而是退位了。

对于初涉商界的年轻人来说，他们在历经时间的打磨，通过经验的积累和教训的总结之后，会逐渐变得成熟睿智起来，多年之后，他可能会成为人们眼中的"成功人士"。随着他的努力和付出，他的业务也会不断地发展壮大，他的事业从最初的小本经营起，直到最终建立并经营大型的公司或企业。当一个人达到他想要抵达的最高目标时，他往往就会像古老格言中所说的那样，"君主称王，但不治理国事"。他会拥有对企业的统治权，但具体的管理和经营工作，就交给最值得信任的得力助手们。这种情况和《圣经》中亚伯拉罕的故事如出一辙，当亚伯拉罕还在古叙利亚的平原上统治当地人民的时候，他会将日常事务交给他最信任的仆人，同时也是最得力的顾问——"埃利泽"。伟大的领袖亚伯拉罕有着这样一个能干的助手。正如谚语中所说，虽然他拥有统治权，但是并不需要事必躬亲。假如在管理公司时，我们只能向一个人询问意见和建议，那么这个人必定是在企业建立之初就尽心尽力的"埃利泽"。在一个公司中，你可能与许多才华突出的同事和上级相处融洽，可以肯定，他们一定会对你作出积极的评价。但是，如果想要获得你所期待的职位，登上你所向往的高度，那么你就必须确保这家公司里的"埃利泽"对你印象良好。他对于你的评价,将对你的事业产生不可估量的影响。

然而,想要获得"埃利泽"们的肯定和赞扬,首先就要以优异的表现完成自己的工作。当一个人发现,公司中真正管理各种事务的人实际上是那些"埃利泽"时,久而久之,他就会对公司真正的拥有者并不在意,转而希望获得"埃利泽"们的赏识。

一个企业的真正领导者之于公司,正如同上帝对于我们一样,他是统治者,但并不干涉我们。我所熟识的成功商人都毫无例外地拥有几个能力突出、人品高尚的"埃利泽"。他们无不拥有充满魅力的人格力量,无不具备娴熟的业务能力。所有大型的公司企业,都是由一些了解公司历史、陪伴公司成长的元老创建起来的。他们非常清楚,对于一个公司而言,团结在公司领导者周围的资深助理和顾问们是多么重要。因为对于一个公司来说,需要各种不同角色的管理者,不同的环境和场合对管理者的需求会大相径庭。没有了得力助手的帮衬和辅佐,领导者就会寸步难行,面临困境。他们也很清楚,公司的成功在很大程度上要归功于这些"埃利泽"的付出和奉献。我们经常会听到某个公司的老总或领导人在面对褒奖时说:"可以说,公司能有今天的成就,都是某某某的功劳,没有他就不会有今天的成功。"在这种情况下,领导者对于"埃利泽"们的付出是一清二楚的,因此,他们才会将成功归功于助手们的工作。可见,在一个公司中,"埃利泽"们拥有着万人之上的地位,甚至还有一种可能,那就是:"埃利泽"才是公司真正的掌权者。

然而，也有与上文不同的情况，在一家公司企业中，公司的领导者并不依赖"埃利泽"们管理业务，而是自己亲自创建或发展，依靠自己的力量经营日常业务。然而，这样的人也仍然离不开"埃利泽"们，因为"埃利泽"们是领导者不可或缺的得力干将，他们总是会被委以重任，承担诸多责任。当领导在场时，他们就是熟练麻利的副手；当领导不在时，他们就会表现出杰出的领导能力，展示出过人的管理才华。因此，对领导者而言，这样的助手就是他的左膀右臂，能为他排忧解难，能同他共渡难关。然而即使是这样，作为"埃利泽"，本质上也只能为领导者服务，他们只有在牢记自己本职工作的前提下，才能够获得雇主的赞赏和信任。不幸的是，有些助手往往会忘记他们"服务者"的身份，转而超越自己的权限，处处显示自己的领导权。很多人甚至成功地做到了这一点，他们反客为主，成为领导自己上司的篡位者。领导者们曾经的得力助手，最后却成为让他们身陷绝境的罪魁祸首。

我们不禁要问，这一切都是怎样发生的？"埃利泽"们是什么时候发生变化的？"埃利泽"们既不会在一个月或者一个星期之内发生变化，也不是突然之间就堕落到了道德底线以下。实际上，就连他们自己都可能并没意识到，自己最后会变成违背良心、出卖主人的不义之徒。相反，他们是在潜移默化的影响中，最终成为了不忠不义的恶棍，而导致这些变化发生的人至少有两位，其中一位就是公司拥有者本身。

Do The Right Thing At The Right Time

我可以想象得到读者朋友们的惊讶,这怎么可能呢?世界上怎么会有主人教唆自己的仆人背叛自己?实际上这个原因不难解释。即便在《圣经》中,上帝早已在这一方面对我们有所告诫。上帝曾经劝诫我们,应该"像鸽子一样与人无害",也就是说,我们不能存有害人之心;但是与此同时,我们也应当像"毒蛇"一般心存戒备,以免受到伤害或者伤害他人。在对待亲信这件事情上,我的建议非常简单,同时也非常坚定:你可以对自己的"埃利泽"深信不疑,但是却不要过分信任。无论在什么时候,你都可以表现出对他们的绝对信任,告诉他们,你相信他们绝不会做出过分的举动,更不会背叛你。然而实际上,你的直觉会在潜意识中告诉你,任何人都不值得你完全信任,因为这就是人的本性。我们都会对诱惑有所心动,很多时候,我们之所以能够保持忠贞,只是因为那些诱惑还没能打动我们。而一旦遇到最让我们向往的诱惑对象,有些人就会将忠诚抛之脑后。

因此,如果想要保持和"埃利泽"们的良好关系,想要维持"埃利泽"们对自己的忠诚,最好的办法就是不要过分信任他们。首先,在这个世界上,很少有人总是形单影只,一个人或多或少总会有自己的家属和亲人需要照顾,因此,为了能够更好地对自己的亲朋负责,我们应该学会适当地保护自己。退一步说,假如没有可以依附的对象,一个人也应该对自己负责,而不能将自己的命运和生活随便交给自己的助手们。最后,出于对那些"埃利泽"负责任的态度,我们更不能对他们给予过分信任，将他们置身于各种诱惑之中，最终诱使他们犯下令他们悔恨一生的错误。

在写下以上文字的同时，我相信，这些已经能够清楚地表明我的观点。对于这个问题的论述，我希望自己能够简明扼要。但是，这一道理所蕴涵的深意，是每一个年轻商人都应当认真思考的。

实际上，类似的例子屡见不鲜，"这就是生活，真实的生活"。"埃利泽"们最终都会绝望无助地祈求，祈求自己的上司原谅他们的过错。前不久，一位富商在顷刻之间就失去了自己所有的财产，他曾经资助过很多慈善事业，也曾经悉心地照顾自己的家人朋友，帮助其他需要帮助的人们，但是由于那些"埃利泽"们的出卖，他很快就丧失了帮助他人的能力，甚至连自己都难以保全。事情过后，当他反思自己的言行时才追悔莫及，因为是他自己给予了"埃利泽"们过多的信任和权力。在这里，我并不想要宣扬性恶论，鼓励大家相互猜忌，相反，"绝对的信任"是一种狭隘而缺乏科学根据的说法，因为真正的信任应当建立在谨慎和观察之上。年轻的读者朋友，请你们千万不要忘记，只有经过调查和思考，切实了解自己将要委以重任的对象，然后才能将自己的信任给予他们。害人之心不可有，防人之心不可无，正如《圣经》中所说的那样：像鸽子那样与人无害，像毒蛇那般时刻警醒。